后像学研究

◎梁增祝 著

 中国农业科学技术出版社

图书在版编目（CIP）数据

后像学研究／梁增祝著. --北京：中国农业科学技术出版社，2023.2
ISBN 978-7-5116-5643-8

Ⅰ.①后…　Ⅱ.①梁…　Ⅲ.①视觉–人体生理学–研究　Ⅳ.①R339.14

中国版本图书馆 CIP 数据核字（2021）第 273730 号

责任编辑	张诗瑶
责任校对	王　彦
责任印制	姜义伟　王思文

出 版 者　中国农业科学技术出版社
　　　　　北京市中关村南大街 12 号　　邮编：100081
电　　话　(010) 82106625（编辑室）　　(010) 82109702（发行部）
　　　　　(010) 82109709（读者服务部）
网　　址　https://castp.caas.cn
经 销 者　各地新华书店
印 刷 者　北京建宏印刷有限公司
开　　本　170 mm×240 mm　1/16
印　　张　8.25
字　　数　150 千字
版　　次　2023 年 2 月第 1 版　2023 年 2 月第 1 次印刷
定　　价　98.00 元

前　言

　　我从 1956 年开始摸索性研究，把各种大小、形状、颜色不同的图片进行仔细观察，然后记录观察的结果。观察时，在图片重心上做标记点，同时又把这个标记点移到远离图片重心的地方，比较二者视觉观察上的异同，总结其规律。

　　研究目的似乎很不明朗，几乎完全出于兴趣。

　　以后为了消除背景对观察结果的影响，把图片放在黑色背景上，如黑绒布或涂黑色墨水的纸板、木板等。最初总认为这样一来背景的影响就可以忽略不计，随着试验次数的增多，越想消除背景的影响，反而感觉到背景的影响加倍了，以致造成很多意想不到的结果。好像它开始"造反"了，这使我想起"过犹不及"这个成语。

　　到 1958 年，也就是我摸索了两年后，虽然是"盲人骑瞎马"，有负面的经历，也有正面的收获，但人还是盲的，马还是瞎的，一时还无法脱离这层桎梏。

　　后像是可以看见的，看见的东西就可以如实地记录出来，我就这样一步一个脚印如实地记录出来，以供将来研究者参考。

　　就在这时，我看见巴甫洛夫（曾译为巴夫洛夫）以下论述：假如我们可以看穿颅骨而观察一个有意识的人脑，如有适当兴奋的地点可以发光的话，那么我们就可以看到它的大小及形状，看到它的边缘是奇幻的、波状的，而它的四周都是或浅或深的阴影，布满了两半球的其余部分①。我看到这里，不停地想，不停地读，不停地感叹这个对大脑两半球活动的真知灼见，我大胆地称呼这个"灼见"为巴甫洛夫推论，而不是巴甫洛夫自谦的假设。因为我感到这个推论非常重要，必须光正其名，不能因名而损意。

巴甫洛夫推论对我的直接影响是使我的眼睛更加明亮了，为我的视后像研究找到了努力的方向，并找到了这个方向的"导向仪"。违背了这个方向，必然会走许许多多的弯路，最终还得回过头来走回头路，代价是很高的。更重要的是巴甫洛夫推论像是对我那肤浅的研究吹了一口"仙气"，使之起死回生，同时使我不致飘飘然而忘乎所以。

我准备研究巴甫洛夫推论中的阴影，我始终认为阴影在这个推论中占有关键性的位置。似乎可以肯定地说，在可以观察的视后像中，亮的地方代表着那个地方出现了神经过程的兴奋性活动；暗的地方代表着那个地方出现了神经过程的抑制性活动。究竟什么原因促使同一个视后像中不同位置上产生不同性质的活动，这些表现的生理意义如何，在书中将详细地表述这方面的问题，并愿在各个方面，同有兴趣的读者讨论。

近50年来，我在没有大型仪器设备、有限的参考资料以及知识不深广的条件下，进行大胆的、孜孜不倦的业余研究。最初的研究并无计划，抓到什么就观察什么，因而记录的资料较零碎。随着研究的继续，发现的后像现象逐渐增多，遂把这些零碎的资料按由简入繁的方式加以整理编排，找出后像本身的规律，其中绝大部分和巴甫洛夫所述观点原理一致。根据试验结果不断地对总结的规律进行修正，使之自成系统。经反复试验，反复整理，写成此书，愿此书起到抛砖引玉的效果。

梁增祝

2004 年 2 月于宁夏中宁

---

① ［苏］伊凡·巴夫洛夫，1957. 大脑两半球机能讲义［M］. 戈绍龙译. 上海：上海卫生出版社。

目　　录

第一章　单一视后像 ………………………………………………… 1

第一节　单一视后像的发展过程 …………………………… 1

第二节　后像的存留时间 …………………………………… 10

第三节　后像的变形 ………………………………………… 12

第四节　有色后像 …………………………………………… 15

第二章　后像的原理 ……………………………………………… 22

第一节　后像的本质 ………………………………………… 22

第二节　后像各阶段的原因探讨 …………………………… 23

第三节　后像存留时间的探讨 ……………………………… 27

第四节　诱导线的探讨 ……………………………………… 29

第五节　后像的结构及其意义 ……………………………… 31

第三章　多后像和后像群 ………………………………………… 35

第一节　后像的融合 ………………………………………… 35

第二节　后像的重叠 ………………………………………… 39

第三节　后像群的挤压现象 ………………………………… 46

第四节　后像群的定型化 …………………………………… 48

第五节　诱导后像 …………………………………………… 53

第六节　交变后像与视知觉 ………………………………… 56

第七节　后像群中的同化作用 ……………………………… 60

第八节　后像中的抽象—概括与分析—综合 ……………… 77

第四章　后像中的光点现象 ·· 86
　第一节　后像的光点运动 ··· 86
　第二节　后像消失后的光点运动 ··································· 87
　第三节　诱导圈光点的定向飞驰 ··································· 88
　第四节　光点的层次和注视点的光点运动 ····················· 90
　第五节　集中想象时的光点运动 ··································· 92
　第六节　光点的颜色和运动形式 ··································· 95
　第七节　关于光点现象原理的探讨 ································· 96
　第八节　光点现象的意义 ·· 98
第五章　从后像的原理看高级神经活动的原理 ··················· 101
　第一节　关于神经过程的扩散与集中 ···························· 101
　第二节　后像与睡眠时相 ·· 104
　第三节　从后像的规律分析条件反射的机理 ··················· 106
　第四节　后像与皮层细胞结构区 ··································· 116
后　记 ·· 118

第一章
单一视后像

当人们在强光下目不转睛地注视一个图片时，若干秒后闭上眼睛或转移视线于另一背景，则"眼前"仍会出现所注视过的图片或物体的像。通常把在这种情况下所出现的像叫作视后像。当视野中只有一个视后像时简称为单一视后像，即一个后像。

第一节　单一视后像的发展过程

单一视后像从出现到消亡的发展过程是视后像变化中最简单的过程，在以后的章节中会经常涉及相关的内容。

一些心理学家认为视后像是大脑视皮层的视痕迹及其相互诱导的现象。人类在复杂的环境中，经常由于内外动因的作用，在大脑皮层中引起兴奋与抑制的交错状态。巴甫洛夫把这种状态称为皮层镶嵌结构，并形象地把兴奋区域在皮层中的分布比作发亮的光点。如果大脑皮层中的一个兴奋灶代表一个光点，更准确地说是十分密集的光点群落，那么这个光点群落四周黑暗区便代表着大片"熄灭"了的光点群落。当人们仔细体验时完全可以观察或体验到这些光点群落的活动及熄灭的过程。也就是说巴甫洛夫所说的那种不断变幻的镶嵌结构可以通过试验直接观察到。如果按照出现时间的先后来说，它们最初出现时是十分逼真的，甚至连背景上翘的纤维毛都能看得很清楚，之后这些观察到的东西很快就消失了，寿命只有 1/16 秒。再往后眼前一片漆黑，停留4~5秒，一个不太清晰的像显现出来，称为视后像。这些最初观察时所看到的东西都是这个视后像的前身，它们都有自己的名称，前面提到的那个最逼真的东西，它出现的过程称为视觉暂留。按理讲，视后像包括它的前身都是视后像发展的一个阶段，但是习惯上几乎没有人这样认为。所以现在仍需要把前后出现的各个阶段按次序的前后列举出来：视觉暂留（最逼真的东西）——潜伏期（一片漆黑的期间）——视后像。其发展变化便代表着视皮层单一视后像中的兴奋灶和抑制灶的发展变化。如果有几个或一群视后像同时存在，它们的发展变化便是视皮层临时性镶嵌结构的发展变化，它们之间的相互影响便代表着这种镶嵌结构之间的相互影响。

　　巴甫洛夫用条件反射的方法来研究这种兴奋灶、镶嵌结构及它们之间的相互影响。这种研究结果不是直接观察到的，而是间接的推论。在实际中只要人们的视感觉正常，人们就能用视后像的方法直接看到这个结果。而且间接推论与直接观察的结果总是有出入，即便是大同小异，也应该采用直接观察的方法。在这里本人没有贬低巴甫洛夫功绩的意思，只是认为本研究所采用的方法更简便、更形象。巴甫洛夫已经在这个问题的间接推论上写下了伟大的篇章，是举世公认的，本人也十分钦佩。本人强调直接观察，并不是说这种方法是无可挑剔的，它也有缺点，因为这种方法纯属应用时的瞬时记忆，这种记忆对一些人来说一直不是牢靠的，因为它要经过反复地修正，所以这是一种很辛苦的方法，它的优点如下。一是视后像刚刚出现时，其形状大小颜色十分明朗。二是上述各种特点出现有一定的位置，并和所观察的图片在位置上是相对应的，因而很容易掌握视后像的镶嵌位置。三是只要是图片和背景中所具有的现象，不管人们在主观上是否需要它，它都会在固定的时间内呈现在人们眼前，体现视皮层的同时性和继时性活动状况。

　　视觉暂留：一个视后像出现后通常维持一段不太长的时间就自行消失，通常把这种现象称为视觉暂留。它所感觉到的和平常所说的视后像在主观感觉上不是单纯明亮的图形，而像是一个"真实的纸片"，甚至连它的厚度都能觉察到。当以黑布作背景时，布纹都能觉察到，以涂黑的牛皮纸作背景时，纸上的上翘纤维毛也能清楚地觉察到。这种现象随着人年龄的增长，会不够清楚，甚至不出现。

　　潜伏期：视觉暂留只维持很短的时间便一闪而过，以后整个视野出现一片漆黑的感觉，这种感觉维持4~5秒，视后像才会再次出现。通常把这一段时间称为潜伏期。

初试者潜伏期不稳定，在同一试验中有时为 2.5 秒，有时长达 17 秒。在连续试验的条件下，潜伏期不断地波动，有逐渐加长的趋势。这表示视皮层已出现抑制状态的苗头。在经常练习的情况下，潜伏期逐渐稳定。本人 1956 年开始研究后像，到 1958 年年中，潜伏期一直维持在 4.5~5 秒。当时认为潜伏期的时间是不变的了，所以十几年没再进行测试。但 1977 年 12 月再次试验（被试者仍是本人）时，这个潜伏期经过十几年断断续续的观察，竟出乎意料地消失或小于 1 秒。如果连续试验 1 小时以上，中间不安排休息，试验中闪出临时杂念时，视后像自动消失。

视后像：潜伏期过去之后，即经过 4~5 秒的漆黑感觉后，出现和刺激图片大小一样的圆形明亮的视像，它的四周是暗的，但没有视觉暂留时那样逼真。这就是平常所说的视后像，通常称视后像的正时相。本试验选用直径为 2 厘米的白色图片在黑色背景下观察，结果如图 1-1 所示（经过多次观察、不断补充和修订绘制）。

在正时相前期，后像的诱导线是平滑的，到正时相中期，在负诱导线某一处（时常发生在图片与背景的某一边缘地区），出现一个亮点（间或出现几个等距离或不等距离的点），这个点（或几个点）看起来比较活跃、比较亮一些，而且由于这个（或这群）点的发亮引起它周围其他点也亮起来，所以称为激发点。有时在激发点附近出现黑色云雾，不时向激发点运动，像有一种未知的力量，把激发点由后像外向后像内推动，使激发点由后像边缘向后像内微凸。如图 1-2 所示，激发点 P_1 向里（向圆心）微凸，这时原来平滑的诱导线开始出现波峰，这个波峰左右相邻的部分就自然地变为波谷。

在对应点 P_1 被动向上，激活在临近两点 Q_1、Q_2 使之变为正诱导线上的激发点，作用于正诱导线，使正诱导线上的一个点或多个点向外（向下）微凹，这时 Q_1 与 Q_2 的对应点（Q_1' 与 Q_2'）被动地向外（向下）作同步运动，同理，这种运动又激活其临近点 P_2 和 P_3，在负诱导线上形成新的激发点（图 1-2b），使 P_2 和 P_3 与原激发点 P_1 做同向运动，其对应点 P_2' 和 P_3' 被动向里（向上）微凸，又激活到临近点 Q_3、Q_4，这时原激发点 P_1 继续向里（向上）运动，形成波谷，其对应点 P_1' 则形成波峰。这样继续不止，波状摆动便自动向两侧扩展，最后使整个后像的诱导线由平滑变成波状。但这时波状摆动并未停止，虽然已接近尾声，好像其能量还没有用完，仍在进行着"波谷变为波峰再变为波谷"的往复运动。本人特别注意到其波状摆动进行得十分缓慢，正是在这种条件下，长期观察的敏感性增加，较

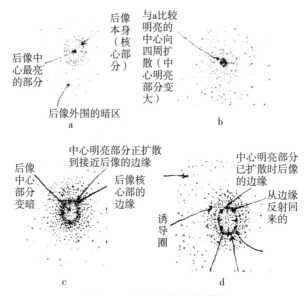

图1-1 视后像的形成过程

注：最初后像的中心比其他地方明亮一点（a），以后中心明亮的部分向四周扩散到后像的边缘为止（b、c、d），这时后像边缘外约1毫米宽的一圈最亮，以后称这一圈为正诱导线，紧靠正诱导线另一条同宽度的暗圈为负诱导线，意思是两条环状线一明一暗，分别代表兴奋和抑制，在各自相关的位置上，其强度是互相加强的，这就是相互诱导的结果，所以称诱导线，明亮的环状线称为正诱导线，黑暗的环状线为负诱导线。在后面将详述这两条线如何伴随并影响着后像发展至衰亡的全过程。

容易掌握它的变化并作出较详细的记录。

激发点这一概念表示局部位置上点的运动是有连续性的，一个点的运动会引发它临近点出现固定方向的运动。后像的全部活动都是在一定全局性结构的条件下进行的，后像的局部活动是局部结构的某些点进行局部位置上的微小变动实现的。当这些微小局部变动累计起来就成为全局的活动。以上各点可以归结为一句话——特定的结构必然形成特定的结构性活动，特别是所有这些活动都集中在后像的边缘上。很明显，一个后像作为一个整体，如果没有边缘作为整体的界线，它就失去了整体的意义。

当平滑诱导线变为波状诱导线，开始由激发点向两侧扩展的时候，即凸出或凹入的激发点回缩到它开始凸出活动的位置之后，仍继续向相同的方向

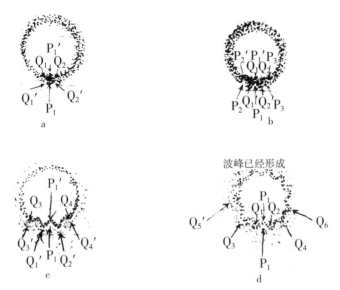

图 1-2　平滑的正负诱导线变为波状（波状摆动）

注：a 表示 1 个激发点出现在诱导线上（P_1）向里微凹对应点（P_1′）被迫向里（向上）微凸，Q_1、Q_2 为 P_1 的临近两点，Q_1′ 和 Q_2′ 分别为 Q_1 和 Q_2 的对应点；b 表示 P_1、P_1′ 分别形成波谷和波峰；c 表示波状摆动沿后像边缘向左、向右伸展；d 表示波状摆动在整个后像边缘伸展。

运动，到一定程度后又停止，再做相反方向的运动。如此周而复始地变动，而激发点的各相间点始终以激发点为轴心做反向运动。这样，原来的波峰变为波谷，而原来的波谷又变为波峰，不断地摇摆，直到时相转换（即后像的正时相转换为负时相）至正负诱导线崩溃为止。这种摇摆在时间上是非常规律的，摇摆周期为每秒 2~4 次，很像心理学上的波动周期，以后简称这种波状诱导线的形成和摇摆过程为波状摆动。随着人年龄的增长，所感受到的波状摆动由原来接近于圆或圆形的正弦曲线，变得不十分规则了。诱导线上某些地方波峰波谷特别长，某些地方特别短，某些地方不清楚，呈云雾状。这一云雾状部分曾经是首先活动的激发点，经过一定时间的活动后，活动逐渐衰竭，诱导线首先在这里崩溃，变成云雾状。在强光、注视时间长、自觉状态良好等条件下，波状摆动现象显著，经历的时间也长。有时在这种条件下（不是全部试验都能看到）看到后像某处（通常出现在活动力较大的激发点上）有黑云状的东西自外向里猛冲，使该处波峰猛增。增到一定程度时，正负诱导线在该处破裂，形成一个缺口。这个过程进行得很快，不像波峰波谷的摇摆那样柔和。当这个缺口形成后，"黑云"从缺口处由后像外向后像内一冲而进（图1-3a）。"黑云"进入后像内部后，向多个方向散开（图1-3a箭头所示），致使原来明亮的后像，在靠近冲击缺口的大半个后像变得黑暗一些，而且离冲击缺口越远，变暗的程度就越小（图1-3b）。于是原来均匀的浅色后像，变得多处不够均匀了。与此同时，当"黑云"正在散开时，冲击缺口两边的正负诱导线出现暗点，急速向冲击缺口运动，把这个缺口堵塞住，并制止"黑云"继续向后像内流动。随后不均匀的浅色后像又恢复为均匀的浅色，各处一样亮。本书将上述现象简称为"云雾冲击"。

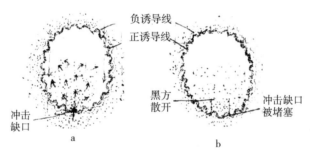

图1-3 云雾冲击

注：箭头示"黑云"运动方向。

　　与波状摆动同时进行的是后像内部的变化。正时相开始时，后像中心的明亮部分，自中心向四周扩散。正因为这种扩散，使后像中心反而变得黑暗。随着中心明亮部分的继续扩散，中心暗区也越来越大。与此同时暗区的中心又自动亮起来，但亮的程度没有扩散前的中心亮区那么高。这个新的明亮中心和原始的明亮中心一样向四周扩散。这种扩散再一次使中心变暗。这个暗区也同样因明亮中心的扩散而增大。当暗区扩大到一定程度时，中心又自动亮起来。这样周而复始地重复，使后像内部形成隐约可见的、明暗相间的同心圆（图1-4）。其重复的周期也是2~4次/秒，很像投石入水所发生的同心圆的波一样。本书将上述现象称为"波状扩散"。

　　在波状扩散进行时，后像中心每次变亮和上一次变亮比较起来总是暗淡

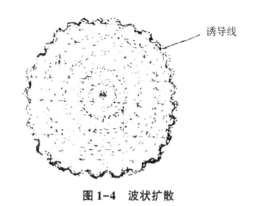

诱导线

图1-4　波状扩散

一些。因此，明亮中心每次扩散都使后像的亮度下降一级。于是随着同心圆扩散的不断进行，后像便逐步暗下来。

同心圆扩散也是在光线强、注视时间长、观察者状况良好的条件下才出现。但它比波状摆动更难以觉察。这里应该再次强调的是这个结构并不是在一次试验中自始至终的记录，而是由于作者认为这是一个十分重要的后像现象，在一段时间几乎每天都进行若干次观察，以最初记录为蓝本，每次有新内容添加进来，经过3年的进程，才逐步完善。

与同心圆扩散的同时，后像外圈进行着相反的变化。同心圆扩散使后像本身逐渐变暗，但同时后像外圈却逐渐变亮，后像的亮度每下降一级，外圈的亮度便升高一级。后像外圈发亮的部分集中在离负诱导线内约5毫米的地带（指半径为2厘米的圆形图片所产生的后像），包围着负诱导线的一圈，这一圈本身也为5毫米宽，但靠里靠外都无明显的界线。

诱导圈是在波状扩散的影响下形成的，它最初和圈外的其他部分无明显区别，而后波状扩散每进行一次，诱导圈地带的亮度就会增强一些，本书称这一现象为"后像的外围过程"或简称"外围过程"。由于波状扩散是和外围过程同时进行的，前者使后像变暗，后者使四周变亮，结果使后像和它四周的明暗对比就越来越不明显，但直到后像崩溃前，即正时相结束前，后像区始终比诱导圈亮很多。这里应该把外围过程看成是由波状扩散的诱导而出现的后像过程，即后像在其发展过程中，在原后像区发生正负时相的诱导过程，不是一蹴而就，而是通过后像区对后像外围的周期性诱导力量的积累而成。

后像趋于崩溃时，正负诱导线组成的诱导圈由平滑变粗糙，波状摆动停止。后像发展到这时期（正时相后期），后像区已不是巴甫洛夫所说的最适宜的兴奋区。它经过 0.5~1.5 秒的活动，内抑制逐渐积叠，全后像区由一个活跃的兴奋点统治地位的区域即将消失，转变成抑制点统治地位的负时相后像。正时相的活动始终被禁锢在诱导圈内（图 1-5a、图 1-5b）。

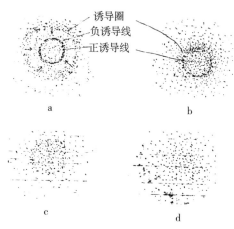

图 1-5　诱导圈的形成与消失过程

注：a 为负诱导线消失；b 为诱导圈向诱导线靠拢使负诱导线消失；c 为朦胧状态前期；d 为朦胧状态后期。

当正负诱导线消失后，后像和它四周的界限就不够清楚了，后像和它四周既无明显的明暗对比，又无明显的界线，变成一片混沌，后像消失，正时相结束，进入朦胧状态。

以上是后像的正时相和朦胧状态的发展过程。波状摆动、同心圆扩散合称为正时相，过程占 0.5~1.5 秒，朦胧状态占 3~4 秒，总计 4.5~5 秒。

随着长期的观察练习，朦胧状态有逐渐缩短的趋势。当朦胧状态缩短时，正时相便相应地延长，但二者时间和不变。也就是朦胧期缩短 1 秒，则正时相延长 1 秒，二者时间和仍然是 4.5~5 秒。

朦胧状态后，原后像区逐渐变暗，同时它的四周逐渐变亮，于是又造成了新的明暗对比。当这种对比达到阈值时，后像又出现。不过这种对比没有正时相时那么强烈。这个新出现的后像和原来的后像不同，后像本身是暗的，而它四周却是明亮的，这就是后像的负时相阶段。

经常的练习使朦胧状态过渡到负时相所用的时间缩短。负时相期的后像，其边缘宽 1 毫米（指半径 2 厘米的圆形图片的后像）的一圈最暗，仍称负诱导线。这个诱导线最初也是比较平滑的，以后也发生摇摆不定的波状摆动，但没有正时相时那么明显，而且没有见到过云雾冲击和同心圆扩散。

负时相经过 0.5~1.5 秒进入第二次朦胧状态。起初暗后像的中心变亮，并向外扩散使后像全区变亮。后像四周则随着上述变化使原来明亮的外围变暗，于是后像和它四周的明暗对比开始降级。以后这种变化不断地进行，使明暗对比变得非常小时，后像便消失，进入第二次朦胧状态，又维持 3~4 秒。

长期练习下，负时相也变短，有时一忽而过。绕过第二次朦胧状态，或者朦胧状态一忽而过，又进入正时相。

第二次朦胧状态结束后，后像区又变亮，它的四周又变暗，于是第二次正时相又出现。再经过 0.5~1.5 秒，又进入朦胧状态，再过 3~4 秒又进入负时相，如此往复不已。在这个往复变化中，后像和它四周的明暗对比，一次比一次不显著。除第一次正时相之外，波状摆动、同心圆扩散都觉察不到，正负时相往返交替，其结局总是达到朦胧状态而告终。而朦胧状态也是一次比一次暗淡，最后是整个视野一片漆黑，时相的往返交替就此结束。

正负时相的往返交替次数由 2~3 次到几十次，因试验时生理状况、光照的强弱、刺激图片的大小、图片和背景的明暗对比的大小以及注视时间的长短而有所不同。一般自觉状态良好、光照强度大、图片大、图片和背景的明暗对比显著、注视时间长等条件下，时相往返次数就多，反之，往返次数就少。但往返周期为 4.5~5 秒，相当稳定。

以上是单后像的发展过程。

【小结】

1. 后像的发展过程包括以下 4 个阶段。

（1）正时相阶段。特点是后像亮四周暗，维持 0.5~1.5 秒。

（2）第一次朦胧期。特点是视野一片混沌，维持 3~4 秒。

（3）负时相阶段。特点是后像暗四周亮，维持 0.5~1.5 秒。

（4）第二次朦胧期。特点同（2）。

2. 后像的发展过程在完成以上 4 个阶段后，正负时相往返交替，即（1）（2）（3）（4）4 个阶段交替循环。

🖋 第二节　后像的存留时间

后像出现后，经过时相交替最终在视野中消失不见，这一段时间称为后像的存留时间。

如果刺激图片为白色圆形、直径不等的图片，在黑色背景中，试验前告诉受试者当出现后像时说"有了"，后像消失时说"没了"。根据受试者的报告，记录后像存留时间。当作者本人为受试者时，用停表记录后像存留时间。后像留存时间记录如表1-1至表1-3所示。

表1-1　后像留存时间记录（一）

图片直径 （厘米）	注视时间 （秒）	潜伏期 （秒）	后像存留时间 （秒）	平均（秒）
1	1.0	4.5	10.0	
1	2.0	5.0	15.0	
1	5.0	5.0	16.0	23.8
1	10.0	5.0	28.0	
1	20.0	5.0	50.0	
2	1.0	4.5	16.0	
2	2.0	5.0	35.0	
2	5.0	4.5	36.0	31.8
2	10.0	5.0	36.0	
2	20.0	5.0	36.0	
3	1.0	4.5	27.0	
3	2.0	5.0	23.0	
3	5.0	5.0	20.0	23.0
3	10.0	5.0	22.0	

（续表）

图片直径 （厘米）	注视时间 （秒）	潜伏期 （秒）	后像存留时间 （秒）	平均（秒）
4	2.0	5.0	26.0	
4	5.0	4.0	20.0	
4	10.0	4.5	25.0	25.4
4	20.0	4.5	30.0	
5	1.0	4.5	19.0	
5	2.0	4.5	24.0	
5	5.0	4.5	20.0	24.8
5	10.0	4.5	25.0	
5	20.0	4.5	36.0	
6	1.0	4.5	34.0	
6	2.0	4.5	54.0	
6	5.0	4.5	43.0	44.8
6	10.0	4.5	40.0	
6	20.0	4.5	53.0	

注：受试者为作者本人，男，36岁。试验时间为1957年5月。

从这个平均值看神经过程是波动的。有起有伏（就兴奋过程来看）总方向是抑制过程在加强（就抑制过程来看）。

表1-2 后像留存时间记录（二）

图片直径（厘米）	注视时间（秒）	潜伏期（秒）	后像存留时间（秒）	平均（秒）
1	1.0	5.0	16.0	
1	2.0	6.0	26.0	22.0
1	5.0	10.0	25.0	
5	1.0	2.5	23.0	
5	2.0	3.0	18.0	
5	5.0	3.0	29.0	35.8
5	10.0	4.0	23.0	
5	20.0	5.5	36.0	

注：受试者甲，男，18岁，性格活泼。试验时间为1958年5月。

表 1-3　后像留存时间记录（三）

图片直径 （厘米）	注视时间 （秒）	潜伏期 （秒）	后像存留时间 （秒）	平均（秒）
1	1.0	3.5	14.5	
1	2.0	5.0	18.0	18.5
1	5.0	7.0	23.0	
5	2.0	13.0	27.0	
5	5.0	17.0	38.5	37.2
5	10.0	7.5	46.0	

注：受试者乙，男，19 岁，性格沉闷。受试时间为 1958 年 5 月。

以上列表都是在 60 瓦电灯下进行的。从以上 3 个表看如果注视的时间相同，图片直径越大，后像存留时间越长。如表 1-3 在注视时间为 2 秒时，后像存留时间为 18 秒。当图片直径为 5 厘米时，存留时间为 27 秒。在表 1-1 中，当注视时间为 5 秒时，直径 1 厘米的图片，后像存留时间为 16 秒。直径 3 厘米的图片，后像存留时间为 20 秒。直径 6 厘米的图片，后像存留时间为 43 秒。这一规律也有例外，但为数不多（可能由于临时偶然外界条件发生变化，也可能是临时杂念引起的，更可能的是神经过程的波动性造成的）。

从试验结果可以看出，图片直径相同时，注视时间越长，后像存留时间也越长。此外，其他条件不变，照度越大，后像存留时间也越长。以上 3 个表是在同一照度下的记录结果。如表 1-1 对直径 1 厘米的图片，在 60 瓦电灯下注视 5 秒，后像存留时间为 16 秒。在室内非直射日光下（晴天），其他条件相同，后像存留时间为 30 秒。在室外直射阳光下，后像存留时间为 70~80 秒。

以上 3 种规律的例外，可以看成是在连续试验的条件下，神经过程趋于抑制的现象，或者是试验时，一些未考虑的内外因素影响所致。

第三节　后像的变形

后像的形状和所观察的图片是一致的。圆形图片必然产生圆形后像，三角形图片又必然产生三角形后像。在视觉暂留阶段，这个规律是绝对正确的。在正时相的初期也几乎是正确的。但在正时相的后期，特别是在时相交替之后的各个时期，除圆形图片的后像外，这个规律几乎就不存在了。除圆形图片的后像外，任何形状图片的后像，在其发展过程中，总会变得和所观察图片的形状越来越不同，因为后像形状越变越趋于圆形。原来后像形状上凸出的部分、各种尖角在其发展过程中逐渐向后像中心回缩，而趋于圆形。后像的形状、大小与所观察的图片有差异时称后像的变形。

本节以三角形后像为例来讨论这种变形。

如果在黑色背景中，观察一个白色等腰三角形（高2.5厘米、底边长1厘米）的图片，标记点为三角形的重心。当这个后像趋于朦胧时，再闭眼，再开灯，让最适宜的光线进入眼睛，如此反复。则每次的再生后像都有微小的变形。这种变化和一次性持续体验后像的变形是一致的，但这种方法可以用再生后像的出现次数作为时间标记来叙述后像的变形。现在再回到对等腰三角形图片的试验，并和再生后像进行对比。切断光源后5秒出现后像的正时相，后像的大小就约等于图片大小（图1-6a）。

再过3~4秒，后像的三角形顶角向三角形的重心退缩，尖角变钝，同时2个底角也变钝，但变钝的程度和速度都远次于顶角。伴随着底角变钝，底边稍微扩大（图1-6b）。

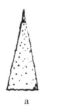

a   b

图1-6 尖角消失

注：a为正时相形态；b为正时相末尾5秒的形态。实线表示图片的大小，虚线表示后像的大小。

后像进入朦胧期后，第一次开灯让灯光进入眼皮，再生的后像和图片的大小相近，称为第一次再生后像；第三次再生后像，即第三次开灯再生的后像较图片稍大，仍近于等腰三角形；第五次开灯时再生后像近于等边三角形。不管后像变为什么形状。它的重心和图片重心差不多是重合的。

后像和再生后像出现时，刚开始重心部分较其他部分稍亮。后像的明暗，应该代表着皮层兴奋的强弱。那么，后像的重心应该是后像各部分中最活跃的部分，不妨称它为"活动中心"，后像的形态变化是围绕着这个中心进行的。从它最终变成圆形看，后像的各部分有向这个中心集中的趋势。在以后的多后像中将看到相同的趋势。

后像的形态变化的动力根源在于后像形成时，在其诱导圈内不断进行的神经过程的震荡，其表现形式为集中与扩散，以及其相互诱导。

在十分短暂的时间内，当后像形态停留不变的时候，表示后像内外这两种神经过程达到了一个动力平衡的状态。但这种平衡是不稳定的，最终走入平衡的失调，让位于神经过程的震荡。这种震荡在结构上被正负诱导所限制，使其活动几乎不能超过这一结构的范围。

在后像存留时间的解释中认为小后像存留时间短，尖角回缩可以看作局部存留时间，二者是受同一规律支配的。

在单一后像的发展过程中（第一章第一节），后像内部与后像外部同时进行着两种相反的神经活动——波状扩散与外围过程。它们分别代表着兴奋过程的扩散和抑制过程的集中。两种神经过程动力平衡。在三角形后像中，没有看见过波状扩散的现象。假定它是存在的，这样三角形后像的活动中心——重心，便是波状扩散的中心，在另一个意义来说，是抑制集中的中心。但波状扩散是在正时相时兴奋性的圆形扩散，是圆形的抑制集中。很可能二者的神经活动，由于同时和继时性诱导被推波助澜互相加强。后像为什么要正负时相不断交替？后像存留的时间为什么有长有短？如果后像不是圆形的，势必造成兴奋波和抑制波在不同部分有着不同的密度。兴奋波密度最大的部分代表着兴奋过程最强的部分，这些部分应靠近后像的三条边，特别是靠近两腰。抑制波密度最大的部分也是抑制过程向里集中最强的部分，这些部分应分布在后像的尖角附近，特别是顶角附近。

当时相交替的次数较多时，它才能存留较长的时间，换句话说，如果把上述后像前前后后的现象全部联系起来，把它们系统化，将会发现每种现象都与相互诱导有着密切关系。可见相互诱导是万能的钥匙，所有的"锁"它都能开。只有当相互诱导作用强大时，后像才能存留较长的时间。

后像的尖角消失导致后像的变形，其面积先缩小，又扩大，再缩小，再扩大。这代表着后像的兴奋体系和抑制体系在力量对比上，随着时间的进程呈波浪式的变化。

三角形后像在变形过程中，大部分时间保持着近似三角形的形状，三条边基本上是直线形的。这种近于直线形的边缘保持相当长的时间，直到诱导线消失，这表明诱导线有相对的稳定性，表明皮层细胞的活动有保持原有大部分兴奋与抑制相互位置关系的特点，即引起原始兴奋作用的视皮层细胞，其活动有相对的惰性。

其他形状的后像，其变形也发生在后像突出的部分，而且该部分的曲率越大，其收缩的程度与速度也越大。对于圆来说，曲率与半径的平方成反比。后像尖角的顶点曲率可视为无限大，因而收缩得最快。当开始收缩之后，其曲率又会因收缩而迅速减小，于是收缩程度与速度并不以加速的方式进行。

尖角消失现象的意义在于突出主要刺激。初步消除或降低的主要刺激对其他各种刺激所产生的综合效应，充分揭示了这些连锁效应是皮层进行信息加工的一种形式。在人们的遗忘过程中，首先被遗忘的常常是事物的细节，细节实际上就是事物的尖角，是一种广义的尖角消失现象。

第四节　有色后像

以上内容所讨论的是无色后像。这种后像虽然本身并不是没有颜色的，之所以称无色，是为了便于分析，只考虑后像的亮度，而不考虑它带有的颜色。

本节将讨论有色后像。将有各种颜色（包括白色）的刺激图片仍放在观察试验的黑色幕布上。为了避免形状的干扰，便于分析而选用圆形图片。为了进行对比，先进行白色图片的引导性试验。

用 15 瓦白炽灯吊在距地面 200 厘米处，受试者注视白色图片的标记点 3 秒后，关断光源，体验后像，后像是无色的。照度增大时，如果把 15 瓦白炽灯吊在距地面 400 厘米处，注视 3 秒，后像呈暗红色。注视 10 秒后像仍呈暗红色（第一次正时相），但是色度增大。如果把白色图片换成其他颜色的图片，在这种照度的条件下，所出现的有色后像仍是暗红色。也就是不管图片的颜色是什么，只要照度不大，首先出现的有色后像是暗红色，而且这些勉强出现的有色后像，在后像未消失前就变为无色后像。

如果在室内日光下注视红色图片。注视时间为 1 秒时，正时相出现后，后像为暗绿色，负诱导线、诱导圈都是暗红色。如果注视时间为 3 秒，正时相出现时，后像由橙色的混沌状态中，自后像中心出现绿点进一步扩散使整个后像变为绿色，其正诱导线为黄色光圈，负诱导线为暗红色光圈，诱导圈为暗红色，但较负诱导线亮，色调略淡，如图 1-7a 后像边缘也有波状摆动现象。

正时相后期，正诱导线（黄色光圈）扩大，负诱导线（暗红色光圈）消失于抑制圈中。也就是说红色图片的后像的正时相是绿色的，负时相是红色的，后像由绿色变为红色，正负时相交替时无朦胧期，而朦胧期是无色后像中最突出的特点。

大脑皮层的兴奋过程与抑制过程的扩散与集中，巴甫洛夫学派对此进行了十分深入的研究。而在后像的研究中用视觉来形象地观察到类似的情况，且情况更加清晰详尽。

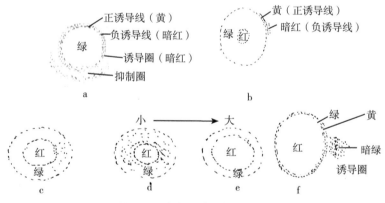

图 1-7　有色后像诱导线变化

正时相前期，在绿色后像的中心出现红色，不断从中心向四周扩大，使后像的绿色部分变成环带状（图 1-7b）。这个红色圈继续扩大，迫使绿色环带变窄。以后这个红圈时而扩大，时而缩小（图 1-7c、图 1-7d、图 1-7e）。这样反复 2~3 次，但扩大的程度总比缩小的程度大。因而最后整个后像变为红色，绿色环带则变得极窄而成为正诱导线（图 1-7f），这就是同心圆扩散，和这种扩散同时进行的是诱导圈由暗红色变为暗绿色。至此后像完成了负时相阶段。

以上是以红色圆形图片的后像为例说明有色后像的色觉变化。

【小结】

正时相后像的颜色近于原刺激图片颜色的补色，但饱和度降低。诱导圈的颜色又近于该后像颜色的补色，饱和度较低。负时相时后像的颜色近于正时相颜色的补色，而饱和度更低。其诱导圈的颜色又近于其后像颜色的补色，饱和度最低。以后的时相交替每进行一次，饱和度便降低一级。绿色图片的后像颜色和色调变化，也遵循以上的规律。其他颜色的图片，以紫色图片为例，正时相时后像为蓝绿色，诱导圈为紫红色；负时相时后像为紫红色，诱导圈为暗蓝绿色；再过渡到正时相时后像为暗蓝绿色，诱导圈为暗红色。再过渡到负时相时，后像为暗红色，诱导圈为暗绿色。从这个结果来看，后像的紫色和蓝色成分随着时相的交替而逐渐减少，而后像的红色和绿色成分则随着时相的交替而逐渐增多，只是饱和度在不断降低。因此后像在其发展过程中，其颜色逐渐趋于红色和绿色的交替。

后像在其发展过程中颜色变化规律可以总结为：正时相时，后像的颜色为刺激图片颜色的补色加入一定成分的绿色，诱导圈的颜色为后像颜色的补色加入一定成分的红色；负时相时，后像的颜色同于前一时相的诱导圈颜色（饱和度较高），其诱导圈的颜色为前一时相的后像颜色再加入一定成分的绿色；再过渡到正时相时，后像颜色中原图片颜色的补色成分减少，加入的绿色成分增多；诱导圈的颜色为其后像颜色的补色再加入一定成分的红色；再过渡到负时相时，其后像的颜色同于前一时相的诱导圈颜色（饱和度较高），其诱导圈的颜色为其后像颜色的补色再加入一定成分的红色。以后，后像的颜色逐渐趋于红色与绿色交替，饱和度越来越低。这就是用"诱导"二字来称呼这些现象的原因。

以上的规律为所有颜色图片产生的有色后像的图片规律。它是红色和绿色图片产生的有色后像规律的扩大。因为当图片颜色为红色或绿色时，其后像或诱导圈所加入的红色或绿色成分，就是这个后像或诱导圈本身的颜色。但对于加入的颜色究竟先加入红色还是先加入绿色，应分为两个颜色系统，一个是红色系统，红色、橙色、黄色、青色、紫色图片都属于这一系统。这一系统正时相时，后像颜色加入一定成分的绿色，其诱导圈则加入一定成分的红色；负时相时，后像颜色加入一定成分的红色，其诱导圈则加入一定成分的绿色。另一个是绿色系统，包括绿色和蓝色图片。这一系统正时相时，

17

后像颜色加入一定成分的红色，其诱导圈则加入一定成分的绿色；负时相时，后像颜色加入一定成分的绿色，其诱导圈则加入一定成分的红色。以上规律如表1-4所示。

表1-4　有色后像的变化规律

刺激图片的颜色	正时相 后像的颜色（刺激图片的补色）	正时相 后像的颜色（加入一定成分的绿色/红色）	正时相 诱导圈的颜色（后像颜色的补色）	正时相 诱导圈的颜色（加入一定成分的红色/绿色）	负时相 后像的颜色（正时相时诱导圈的颜色）	负时相 后像的颜色（正时相时的后像颜色）	负时相 诱导圈的颜色（加入一定成分的绿色/红色）
红色系统　红	（绿）	（绿）	（红）	（红）	（红）	（绿）	（绿）
橙	（蓝）	（蓝绿）	（深紫红）	（浅紫红）	（深紫红）	（蓝绿）	（深绿）
黄	（靛）	（浅蓝）	（紫红）	（紫红）	（紫红）	（浅蓝绿）	（暗绿）
青	（黄）	（黄绿）	（粉红）	（浅红）	（浅红）	（黄绿）	（浅绿）
紫	（蓝绿）	（深绿）	（紫）	（紫红）	（紫红）	（深绿）	（深绿）
绿色系统　绿	（红）	（红）	（绿）	（绿）	（绿）	（红）	（红）
蓝	（紫）	（紫红）	（蓝绿）	（深绿）	（深绿）	（紫红）	（紫红）

各种颜色的后像在时相交替中都趋于红色和绿色的交替，后像本身的颜色变化过程如表1-5所示。

表1-5　有色后像的颜色变化过程

图片颜色	有色后像的变化过程
红色系统　红	绿→红→暗绿→暗红……
橙	深蓝→紫红→暗蓝绿→暗赭红→暗绿→暗红……
黄	蓝→深红→暗蓝绿→暗赭红→暗绿→暗红……
青	黄绿→粉红→绿→暗红→暗绿→暗红……
紫	蓝绿→紫红→暗蓝绿→暗赭红→暗绿→暗红……
绿色系统　绿	红→绿→暗绿→暗红→暗红……
蓝	紫红→蓝绿→赭红→暗蓝绿→暗赭红→暗绿→暗红……

不仅有色图片能产生有色后像，白色图片在强光下同样能产生有色后

像。以极强的、近于白色的发光灯丝后像为例，直接注视 40 瓦电灯的发光灯丝 1~3 秒，其后像最初是中心为黄白色，再外依次为黄色及杏黄色、橙色、红色、紫红色，诱导圈为淡绿色。随后黄白色部分变为黄色及杏黄色，原黄色部分下降为橙色，原橙色部分下降为红色，这些红色加入原红色部分，使红色部分扩大，而原红色部分饱和度降低，其外缘变为紫红色。再过 1~2 秒，黄色部分变为橙色，橙色部分变为红色，再并入原红色部分，使红色部分再扩大，如此继续，最后使整个灯丝后像变为红色。

从后像颜色看，白色图片应归之为绿色系统。这里白色不是单纯的色调，而是多色光的混合色，它的后像基本上是红色。后像变红色的过程是从黄白色中心变成黄色、杏黄色、橙色，最后变为红色。这个颜色系列或许代表着视皮层兴奋水平的系列，因为视皮层兴奋水平在遮断光源后不断下降，伴随着这种下降才出现了上述颜色系列。

由于注视的时间长短不同，后像的颜色也不尽相同。在注视灯丝时间小于 1 秒时，灯丝后像为青白色，然后才转入上述的变化过程。当注视时间在 10 秒以上时，灯丝后像先出现绿色，然后才出现红色。在注视时间为 1~3 秒时，后像先出现红色，再出现绿色。

所有这些有色后像都是在逐步进入无色后像之后，再以无色后像的情况消失。

在有色后像颜色变化的不同阶段上，闭眼后让一定量的光线穿过眼睑，则发生不同的色觉变化。在有色后像的发展前期，如绿色后像刚开始出现时，让弱光穿过眼睑，则后像仍为原颜色（绿色），但饱和度却增大了。这时如果让强光穿过眼睑（或者晚 3~4 秒让弱光穿过眼睑），则后像的颜色马上变为原颜色（接受刺激之前的颜色）的补色，并加入一定成分的绿色。如绿色后像开始出现时，让强光穿过眼睑（或稍微晚一点，在绿色后像的中心红圈不断扩大时，让弱光穿过眼睑）会使后像马上变为红色。在没有光线刺激的条件下，这种颜色要经过 4~5 秒（不计饱和度），到时相转变时才出现。这说明有色后像在新的光线（穿过眼睑的迷漫散射光线）刺激下使后像颜色的自然发展过程加快。在弱光刺激下，有色后像总是变为它下一阶段的颜色。如蓝色后像变为紫红色，紫红色后像变为蓝绿色，黄绿色后像变为粉红色等。同表 1-5 所列的情况完全相同。

注视一个颜色图片若干秒后，把视线转移到一张白纸上，则出现的后像颜色约为原图片颜色的补色。通常称为反后像或负后像。

有些生理学家认为在系统发育中，颜色感觉的产生比明暗感觉为晚。在后像现象中，有色后像的产生比无色后像需要更强的光线和更长的注视时间。在正常视觉中产生颜色感觉需要的光能量最小值近于每秒 100 个量子，而明暗感觉只需要 1~2 个量子，二者相差几十倍。在刚能产生颜色感觉的光线下，还不能造成有色后像，造成有色后像还需要更强的光线。有色后像的产生需要视皮层保持一个较高的兴奋水平，这个水平的维持需要较强的光线和较长的注视时间。当有色后像形成后，在遮断光源的条件下，视皮层的这个兴奋水平，由于内抑制的发展而逐渐下降。当它下降到一定程度时，有色后像首先消失，其后才是无色后像的消失。

在有色后像中，常是在极强的光刺激下、注视较长的时间下才出现青色、黄绿色以及黄白色。要形成这种颜色的后像比形成其他颜色的有色后像需要更强的光线。当这种颜色的后像生成后，在遮断光源的条件下，后像的颜色在其发展过程中总是转变为在较弱光线下就可以形成的有色后像的颜色。而最后这些有色后像的颜色又总是向绿色和红色的方向转变，在所有产生有色后像中，形成红色或绿色后像需要的光线最弱，并且所有有色后像最终都要变为无色后像才消失。

在弱光下，橙色的远距离辨识趋于红色，紫色趋于暗红，黄色趋于灰白色，青色趋于绿色，蓝色趋于绿色或黑色。这就是贝佐德-布留克现象。这里不是趋于红色和绿色就是趋于无色（白色、灰色或黑色）。

以上说明正常视觉中的色觉和作为视痕迹的有色后像中的色觉同样代表着视皮层维持一定兴奋水平才产生的现象。

在第二章第一节讨论后像的本质时，阐明了后像和它四周的关系为同时诱导关系。而时相交替则为继时诱导，在有色后像的颜色变化上也是如此。后像的颜色和它的诱导圈的颜色总是接近于互为补色（在饱和度上不尽相同）。那么，诱导圈的颜色便是由有色后像的颜色诱导而成的，或者说是视皮层对于这种诱导关系的神经过程产生的主观感觉接近互补色。如果说神经过程是兴奋状主观感觉为红色，那么当神经过程由兴奋走向抑制时，主观感觉就是接近绿色。反过来当人们看到红色时，产生兴奋的感觉，而看到绿色时则产生抑制的感觉，两种说法是一个东西。

后像都有它的特定形状，这个形状总有一个重心。有色后像的颜色总是从这个高兴奋水平的活动中心（重心）发展而成。红色后像的红色是从绿色后像的红色重心扩展而来的。所以，相继诱导是从后像的接近于重心最大圆形面积的活动中心开始的。这里仿佛是后像活动的"指挥部"。

　　在无色后像中，相继诱导是通过波状扩散的周期性活动，经过量的累积而成的。在有色后像中也是波状扩散的现象。

　　从有色后像的颜色变化看，红色和绿色有非常特殊的地位。在光刺激由弱变强时，红色和绿色是首先出现的后像颜色。在各种有色后像中，红色和绿色又是最后消失和最终变成的颜色；在有色后像的颜色变化中，非红色或绿色的颜色，每经过时相交替一次，总要加入一定成分的红色或绿色。这样看来，红色和绿色应是视皮层达到的最适宜兴奋状态。绿色是人类生活环境中每天都离不开的颜色。红色是肉食中主要接触的颜色，人类自己的血液也是红色的，红色发生创伤的信号颜色，也是某些花和果实的颜色。很有意思的是，通过负时相中所呈现的颜色，可以把所有的颜色划分为红色和绿色两个系统，或许说明其他颜色的色觉都是由这两个基本颜色分化来的。根据这个分类，蓝色应归于绿色系统。在人类的进化过程中，日光是唯一的光源，尽管它是许多波长的混合光，而天空是蓝色的，蓝色属于绿色系统，绿色是人类每天都接触的颜色。

　　后像是一种皮层现象，它所表现的颜色感觉也是皮层现象，与三原色学说不同。

第二章
后像的原理

本章根据第一章单后像的各种现象，进行后像原理的探讨。研究后像的目的，并不止于解释现象，更重要的是为了探讨出一套理论，以奠定进一步试验的基础。这里最主要的部分是后像的结构，也就是确立兴奋灶结构的理论。在这个理论中，它已超出了后像的范围，涉及了视皮层甚至整个大脑皮层兴奋与抑制结构的理论。

🖋 第一节　后像的本质

后像为视分析器大脑皮层终末的视痕迹现象。后像的潜伏期是神经过程相互诱导的阴性时相，痕迹反映（后像）是神经过程相互诱导的阳性时相[1]。

波波夫用声音引起阻滞条件，病人看见了视后像，由此把视后像归结为纯皮层现象[2]。

从巴甫洛夫的分析器理论来看，视皮层是视分析器的终末。视后像是一

---

① 巴甫洛夫高级神经活动杂志译丛编辑委员会，1956. 巴甫洛夫高级神经活动杂志译丛：第六专辑 [M]. 北京：人民卫生出版社。

② 巴甫洛夫高级神经活动杂志译丛编辑委员会，1958. 巴甫洛夫高级神经活动杂志译丛：第五专辑 [M]. 北京：人民卫生出版社。

种主观感觉，它应该发生在视皮层。把后像的生理机制局限于视网膜上，不能认为是很完善的（在后像观察中，以后将遇到一系列的问题，都离不开视皮层）。

刺激图片通过反射光线先在视网膜上造成与图片相当的像，然后由视神经传入视皮层，才产生一定形状、大小和颜色等特点的主观感觉或知觉，而这种主观感觉或知觉是产生后像的前提。

如果后像产生在视网膜，不应该存在 4~5 秒的潜伏期。视网膜成像后，只能维持 1/16 秒左右，也还没有事实证明再过 4~5 秒，这种已成的像在视网膜中痕迹接近消失后又能再生。看来物像在视网膜的残存，只限于视觉暂留阶段。如果存留时间再延长或消失后又再生，就有可能阻碍正常视觉。

在后像的发展中有正负时相不断交替往返的现象，但这种现象不会发生在视网膜。如果有这种现象，对正常视觉来说，要看清不断变化着的东西，会起一些阻碍作用。

在后像的其他现象中，不容易想象为杆状和锥状细胞会在物像的边缘部分发生摇摆不定活动，也不容易想象视网膜物像生成区内的两种细胞会产生波状扩散的现象及产生外围过程的现象。

在后像的发展中，看来限于视觉暂留阶段和无像阶段，视网膜有较大的功能，所以后像的其他各阶段的活动都应该发生在视皮层，应看成是巴甫洛夫所说的兴奋后作用表现在视觉现象上的潜伏性兴奋。

第二节 后像各阶段的原因探讨

在遮断光源的一刹那，整个视野出现一片明亮的感觉。由于光源的遮断，刺激突然停止，引起视网膜的高频放电（撤光反应）。整个视野一片光明的感觉就是在这时出现的。

在试验前由于长时间处于黑暗中，提高了视皮层的兴奋性，就像长久饥饿提高食物中枢的兴奋一样。当撤光反应出现时，由于视网膜的高频放电传入视中枢，使视中枢在兴奋性已经提高的基础上发生全面兴奋，从而产生了一片光明的感觉。这里也不排斥由撤光反应在皮层下级部位产生影响。撤光反应也有可能使视皮层和视丘间发生混响效应以及其对视网膜的反馈影响和网状系统的作用，这些都有可能参与无像阶段的活动。但作为一片光明的主观感觉来说，肯定要发生在视皮层。

斯密尔诺夫曾提到闪光刺激有很强的作用，可以引起中枢神经系统非常强烈地扩散着兴奋①。这里在暗室条件下，连续光线的突然中断，具有闪光性质，引起视皮层兴奋强烈地扩散。

在注视图片的阶段，来自光源的直射光线以及来自大气尘埃乱反射的光线，都可以进入整个视网膜，作用于整个视皮层。因而撤光反应是发生在整个视网膜的，其影响所及是整个视皮层。

视网膜除接受上述光线外，还接受来自图片的反射光线。这些光线使视网膜形成一个具有图片特点的像。这样成像区接受的刺激最强，其在视皮层的投影痕迹效果也最强，而它的四周痕迹效果最小。当这一部分痕迹消失的时候，成像区的皮层投影部分兴奋痕迹尚未消失，在主观感觉上就是光明面急速向后像区缩小，缩至后像边缘为止。

这时后像区和它的四周形成了明显的兴奋与抑制交错的镶嵌状态，出现明与暗的高度对比。这种主观感就是情景逼真的视觉暂留。

无像阶段与视觉暂留阶段都是视痕迹的一种表现形式，是后像出现前的必经过程，所以应当看作是视后像在相对抑制酝酿阶段的一个组成部分。而且以后正负时相正是由于视皮层有了这样一个兴奋与抑制的基础才有可能出现。

随后由于遮断了光源，没有任何信号传到视皮层，因而视皮层经过了短暂的局部兴奋之后，很快地全部进入抑制状态。于是视野呈现一片漆黑，进入潜伏期。在不遮断光源的条件下情况完全一样，只是后像产生后，仍然维持着现实性光刺激，这种刺激使皮层产生视觉反应，从而对视皮层已产生的后像进行干扰。当然，情况并不这样简单。由幕上反射的光线同时进入视皮层的后像区和它的四周，在后像区则发生"后像的重叠"（第三章第二节），在后像四周的区域则产生另外的影响（第一章第四节）。

从上述的讨论可以看出，后像的明亮部分代表着视皮层的暂时兴奋区，其四周的黑暗区域代表着视皮层的暂时抑制区。

潜伏期完结后出现后像的正时相。这时视皮层的局部兴奋痕迹"死灰

① 巴甫洛夫高级神经活动杂志译丛编辑委员会，1956. 巴甫洛夫高级神经活动杂志译丛：第三专辑［M］．北京：人民卫生出版社。

复燃"，而视觉暂留阶段的影像在一定程度上又重新产生，只是没有那么清晰罢了，这代表着后像区和后像以外区域的兴奋与抑制对比程度减弱了，但皮层的兴奋与抑制的区域性关系仍旧不变。

在对刺激图片进行一定时间的注视后，视皮层的后像区维持了一定时间的兴奋状态，这一部分视痕迹最深。视皮层在潜伏期中被全面抑制时，痕迹最深的后像区在时间的进程中首先解除抑制，显示了潜伏性兴奋的后作用。这样便使这个区域再度进入兴奋状态，而这个区域的四周仍维持着抑制状态，于是出现了后像的正时相。

后像的正时相向负时相过渡时，后像的边缘出现波状摆动，后像的内部出现同心圆扩散，出现诱导圈。用巴甫洛夫的话说它代表着兴奋与抑制的搏斗状况。一方面兴奋波不断地从后像中心向外扩散，停留于正诱导线上；另一方面抑制波也不断地从后像四周向后像区集中，停留于负诱导线上。因此，后像的边缘最亮，紧靠边缘的外缘最暗。波状扩散和外围过程是同时以同一周期进行的，即兴奋的扩散与抑制的集中在同时以相反的方向进行，接触面在诱导线上，诱导线便成了兴奋与抑制搏斗战场上的前线，搏斗的结果是波状摆动，其极端情况是云雾冲击。诱导线原来是平滑的，代表着兴奋与抑制在交界面上"势均力敌"，波状摆动的摇摆现象代表着搏斗的双方在不同的地点"互有进退"。云雾冲击代表着兴奋过程的"防线"有弱点，致使抑制过程出现暂时的"局部胜利"。当然，所有这些全都是比喻，而它的实际意义是兴奋与抑制随着时间进程上的力学动态平衡。

平滑的诱导线代表着光线刺激停止后兴奋与抑制力量的平衡状态，但这种平衡只是暂时的。在时间的进程中，诱导线上的某一点首先出现平衡失调。这一点就是激发点，如果在激发点 A 上兴奋占优势，则兴奋过程沿着 A 点的法线（即过激发点的诱导线上切线的垂线）向外做局部扩散，变为一个波峰（图 2-1a）。这个波峰便是沿诱导线在线外新出现的兴奋点（图 2-1b），依诱导规律，它四周的神经过程将向抑制方向发展，于是这个点沿诱导线两侧的临近点（B、C）在正诱导线的内部将出现兴奋过程的降低，其在正诱导线的外部负诱导线的内部抑制的重叠，将出现抑制过程的升高。于是兴奋和抑制在 B、C 这两个地方（临近 B、C 的对应点）也失去平衡，由于抑制过程的力量大于兴奋过程的力量，抑制过程便在这两个点也发生局部扩散（向正诱导线的方向），使这两个点变为波谷，（对正诱导线来说），在正诱导线 A 的内侧部分，由于同样的诱导关系，将出现兴奋过程的降低，其外侧（负诱导线凹入的部分）将出现抑制过程的升高。这样便发生了新的平衡因素，激发点内的兴奋过程的力量小于激发点外的抑制过程力量。于是抑制过程将把这个波峰"推"向里面，使波峰变为波谷，出现了波状摇摆。

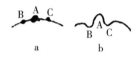

图 2-1　诱导线变化

当激发点 B 和 C 两侧出现波谷时，由于该部分抑制加强，等于出现了新的"负激发点"；同时由于诱导的原理，"负激发点"附近将出现兴奋过程的加强，因而在这两个波谷附近将出现新的波峰。同理这个波峰的附近必然又会导致新波谷生成，于是波浪侵蚀现象便从原激发点向两侧做连锁性扩散，导致整个诱导线变为波浪形状，并且不断地摇摆。

与上述现象同时进行的是波状扩散，这可以看成是整个后像区能量集中的结果。当圆形的兴奋区集中于圆心时，于是中心变亮，它的四周将出现抑制过程。于是这个亮中心的四周又变暗，而同时诱导又使这个暗圈的外圈变亮，如此继续不已，使整个后像区变成明暗相间的同心圆的圈。这个明亮的中心又随着注意波的节律很快地转向抑制，于是中心又变暗，而同时性诱导又使原来的暗圈变亮，使原来的亮圈变暗。如此交替不已，很像投石入水所生成的同心圆波，这就是所谓波状扩散。

当波状扩散进行时，中心变暗，边缘变亮，好像热体把热传递出去，而自身的温度降低一样。如果从另一意义考虑它，兴奋波自中心向外扩散，使边缘兴奋过程增强，中心兴奋过程减弱。

波状扩散的周期是每秒 2~4 次，很近似摇摆周期。也许不是巧合，而是同一个东西。如果是这样，摇摆便是由波状扩散和外围过程引起的。当人们凝视一个目标时，目标物像的皮层投影区便发生波状扩散和外围过程。起初中心变亮，代表着注意力的集中，以后中心变暗四周变亮，代表着注意力的分散，以后中心又变亮代表着分散的注意力又开始集中。如此周而复始，不断更替，这就是注意力也有波动的原因。

由于波状扩散和外围过程的不断进行，使后像内外的明暗对比在程度上一次又一次地下降，终于导致正时相的解体进入朦胧状态。

　　朦胧状态并不是视痕迹的消失。在波状扩散的基础上，后像区的抑制过程在继续加深。同时在外围过程的基础上，后像区外围的兴奋过程继续加深。于是，新的和原先相反的明暗对比出现了，即后像是暗的，它的外围是亮的，这就是后像的负时相，是通过继时诱导而成的。

　　有人把潜伏期和后像（痕迹反应）看成继时性诱导的阴性和阳性时相，是不能令人信服的。在潜伏期中视野一片黑暗，它是整个视皮层出现抑制过程的结果，怎么能在这个基础上诱导出局部的明亮区（后像）来呢？如果是这样又怎么解释后像的正负时相的关系呢？

　　通过时相现象加以分析，原来的正时相变为负时相之后，其神经过程在正时相时是兴奋的扩散，同时是抑制的集中。而在负时相时，其神经过程是抑制的扩散，同时又是兴奋的集中。

　　初试者潜伏期一般不稳定，以后随着练习的增多而逐渐稳定下来。但在长年累月的观察练习下，潜伏期又会缩短，甚至潜伏期完全消失。而在痕迹反应中，正负时相的交替周期要稳得多。继时性诱导不可能在长年练习下消失。

　　波状扩散和外围过程应看成同时性诱导，因为它们确确实实是同时进行的两种相反的神经过程。如果它们有主次，应把外围过程看作是由波状扩散以同一周期诱导而生。这种同时性诱导使后像区内部的抑制过程不断积累，同时另一方面，后像区外围的兴奋过程不断积累。当这种积累达到强度平衡时，即二者明暗几乎相等时，后像消失，朦胧状态出现。此后，后像区和它外围的内部变化并没有停止，也就是上述的积累过程在朦胧状态期间仍在所有的方向继续进行。当这两个区域两种相反的神经过程达到一定强度的对比时，负时相出现。因而应该把负时相看成是正时相继时性诱导的产物。如果这种看法是正确的，那么继时性诱导便是同时性诱导通过量的积累而形成的，即由波状扩散和外围过程的周期性过程积累而成的。它反映了从量变到质变的规律。

第三节　后像存留时间的探讨

　　在光线很弱而注视时间又很短的情况下，不能形成后像。在正常情况下，皮层对一定限度内的弱刺激起弱反应。由于视皮层在弱光下产生微弱的兴奋过程，弱兴奋痕迹效果低，容易走向抑制。当对刺激图片在弱光下进行短时间的注视时，无像阶段和视觉暂留阶段不出现或者不能达到感觉阈限。其后进入潜伏期，经过 5 秒，视皮层的后像区走向抑制，因而视痕迹始终不能显现。也许更主要的是后像区微弱的兴奋与它四周抑制过程在强度对比上不能达到感觉阈限，这在后像现象中是一条非常普通的规律。从来没有在后像区的微弱兴奋下会出现在其四周的强烈抑制。

在同一照度下，如果注视的时间相等，那么刺激图片的面积越大，后像存留的时间也越长。在这种情况下，大后像有两个特点：第一，它在感觉上比较亮一些。第二，其正负时相的往返次数较多。

第一个特点表明，后像区的兴奋过程和它四周的抑制过程在其强度的对比上，大后像比小后像要高一些。如果观察的距离不变，刺激图片越大，则视网膜接受刺激的面积越大，其在视皮层的投影也越大。当许多皮层点发生兴奋时，有互相加强的作用。视皮层大面积的兴奋，可以看成有较多的皮层点参与活动。其互相加强的作用影响到后像区和它四周较强的兴奋与中心较弱的抑制之间的强度关系。

第二个特点来自第一个特点，由于后像区较强烈的兴奋与中心较强的抑制的对比，必然产生较强的同时性诱导，使波状扩散、波状摆动及外围过程维持较长的时间（并不影响其周期）。如此活动下去，便产生多次的正负时相的往返过程。结果反使后像的存留时间加长。

当刺激图片小到一定程度时，不产生后像，勉强产生后像时，存留时间极短。在这种情况下，好像同心圆扩散无往复现象。

当其他条件相同时，注视时间越长，后像存在的时间也越长。在长时间的注视条件下，后像区的兴奋过程得以积累，后像区四周的抑制过程也在积累，致使后像区和它的四周产生强烈的兴奋与抑制的对比，在强光下也容易产生这种对比关系。自觉状态良好时也有助于产生这种对比关系。

总之，以上使后像存留时间加长的多种因素可以归结为一点，凡是有助于使后像区和它的四周产生较强的兴奋与抑制对比的条件都可使后像存留的时间加长，而后像存留时间的长短是由正负后像往返次数的多少决定的，其正负时相的时间周期几乎是相对稳定的。因而这种对比关系对后像存留的时间长短，以及后像能否生成是最根本的因素。

第四节　诱导线的探讨

正负时相时，在后像最清晰的时刻，后像边缘界限明显，最亮和最暗的部分都集中在后像边缘上，而且这两条线紧紧地挨着。

正时相时，波状扩散使兴奋波由中心向边缘移动，当兴奋波到达边缘时，好像遇到什么障碍又反射回来似的。而外围过程好像把正诱导线外面略有明亮的东西（或光点）抽走堆到诱导圈，实际上这就是诱导过程。这样，明亮的东西向外走而黑暗的东西反过来向里走，都分别集中在正负诱导线上。前面曾提到一种观点——兴奋的扩散在另一种意义上就是抑制的集中，不仅表现在波状扩散上，也表现在外围过程中。

后像之所以清晰，一方面是由于后像和它的四周有显著的明暗对比关系，另一方面，也由于有正负诱导线的存在。而这两条紧邻的有对偶关系的线是明暗对比最集中的地方。在后像最清晰的时刻，也是这两条线最清晰的时刻。

条件反射的研究，确定了高级神经活动的同时和继时诱导必须在一定强度的兴奋与抑制过程中才能出现。在后像中存在着同一规律，只有在一定强度的刺激导致视皮层产生一定强度的兴奋与抑制过程的对比时，才能生成明显的诱导线。反过来，由于有诱导线的存在，才使兴奋或抑制不能无止境地扩散出去，从而延长受刺激地区兴奋与抑制的对比关系，也就是延长同时性诱导和继时性诱导的存留时间。这又和条件反射的研究中所确立的兴奋与抑制相互加强的规律是一致的。

有学者把同时性诱导归之于兴奋过程的扩散和相继诱导[1]，可见这两种诱导过程有着密切的关系。但在后像中所见到的兴奋过程的扩散是同心圆扩散，与此同时还进行着外围过程的抑制集中，二者方向是相反的，兴奋波与抑制波相遇于正负诱导线。这种现象应该是典型的同时性诱导，是以每秒2~4次的周期不间断地进行着，一直到朦胧状态还不停止，结果导致负时

---

① 巴甫洛夫高级神经活动杂志译丛编辑委员会，1958. 巴甫洛夫高级神经活动杂志译丛：第四专辑 [M]. 北京：人民卫生出版社。

相的出现，这时才出现明显的继时性诱导。所以继时性诱导是同时性诱导通过周期性的量的积累而成的。之所以产生过程积累，关键在于有诱导线的存在，诱导线很像是神经过程的"保温装置"，它使相反的神经过程局限于固定的区域，彼此加强，不任意扩散。

有学者认为进行性麻痹患者由于条件抑制的弱化，才促使兴奋无止境地扩散。之所以这样，应看作是患者缺乏健全的诱导线，近似后像中的朦胧状态或不清晰的后像，或将近崩溃的后像。

诱导线接近于维金斯基学说①的副间生态区域，特别是二者在空间和时间的变化上。维金斯基认为："不论以任何方法引起神经一定部分副间生态时，与该部分神经应激性降低（抑制过程的出现）相平行的，在边缘部分出现应激性的增高，原发的变化越深，这种副间生态作用也越强（沿神经扩展得也越远）；当间生态消失时，它的应激性也略微降低。"在空间上诱导线也发生在边缘，后像的边缘变亮（应激性增高），而后像内部反而变暗（比较起来应激性降低）。已形成的后像越清楚，而诱导线也相应地略宽。

研究者根据潜伏期的前值与长条距离的依存性的钟形曲线的关系，得出这样一个规律：最大的紧张性似乎是在兴奋与抑制的交界处产生的②。在后像中所看到的兴奋与抑制交界处，正是诱导线存在的地方。

有人把诱导线的现象归之为眼球的微小振动。按照这种说法，诱导线不仅是一种毫无意义的东西，而且还是由于眼球构造的缺陷而生成的累赘产物。

眼球的微小振动是存在的，但不可能和诱导线发生连带关系，当眼球作微小振动的时候，必然会使物像在视网膜做相应振动。在这种情况下，人们所看到的东西不是更清楚，而是更模糊，其所生成的后像也同样不会更清楚。实际上正是由于有诱导线的存在，才避免了这种模糊不清的现象，不是由于眼球的微小振动才产生了诱导线，才使物象的正常视觉或它的视痕迹变得更清楚。

如果眼球的微小振动足以达到频率融合的程度时，按塔尔–波拉田定律，物象和它的痕迹（后像）的边缘在亮度上必然小于边缘以内的部分。

① 维诺格拉多夫，1958. 维金斯基基本神经过程学说［M］. 周衍椒，等，译. 北京：人民卫生出版社.

② 巴甫洛夫高级神经活动杂志译丛编辑委员会，1956. 巴甫洛夫高级神经活动杂志译丛：第六专辑［M］. 北京：人民卫生出版社.

按这个推论应该是后像的边缘暗而边缘以内的部分反而亮（在正时相时），这是与事实不符的。比如在圆形刺激图片的中央，围绕圆心（在上述多次试验中经常作为注视标记点的地方）做几个距圆心 0.5~1 毫米的附加标记点，注视各附加标记点时，视线很快地、随机地由一个附加标记点转到另一个附加标记点（两个附加标记点不一定是相邻的），如此继续不已，10~20秒体验这个后像，结果后像边缘并不因此而更亮，而且做附加标记点时，做得离圆心越远，则后像的边缘越不清晰。可见眼球的微小振动不会使后像边缘变亮。

诱导线在波状摆动下，由原来的平滑线变为波状的粗糙线，而这是在正时相的后期，是在遮断光源后 10 秒以内，也就是注视动作已经停止 10 秒内才出现的现象，这时眼球早已停止震动，它和这个结果毫无关系。

总之，诱导线是客观存在的，是相反神经过程运动（扩散和集中）方向相反而造成的，是后像在结构上的一个组成部分。

第五节　后像的结构及其意义

在单后像的发展过程（第一章第一节）以及诱导线的探讨中，表明一个最清楚的后像是有一定结构的，并不是一个简单的明亮的圆（这里指圆形后像）。

对后像的结构总结如下。

正时相时后像的结构按从内到外的顺序排列（图 2-2）。首先是后像本身（兴奋体系），为由兴奋高涨和低落部分组成的同心圆，正诱导线是兴奋过程最集中的部分。然后是后像外围（抑制体系）。负诱导线是抑制过程最集中的部分。负诱导线的外围，有许多似有似无勉强可以觉察的结构：一层层非常稀疏的微亮与微暗的同心圆结构，在这个结构中，不管是微亮的还是微暗的，其厚度将依次加倍地增大，比如，负诱导圈厚为 2 厘米，那么它的外圈一个微亮的部分将是 10~12 厘米，再往外的部分几乎无法测量。

负诱导圈由正诱导线的活动而产生的同时性和继时性诱导而形成。

这个后像结构的特点如下。一是后像本体和它的外圈是截然分开的，有

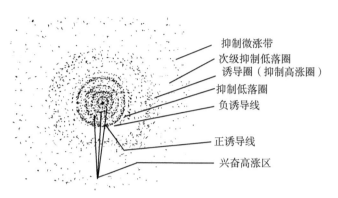

图 2-2　视后像的结构

明显的界线。二是后像的内部和它的外围都有明显的或无明显界线的同心圆环状结构。后像内部为兴奋的高涨和低落的同心圆排列。后像外围为抑制的高涨与低落的同心圆排列。后像内部的排列比其外围的排列更紧凑。

从后像的上述结构看，后像代表着视皮层的兴奋灶。因而后像的结构就代表着视皮层兴奋灶的结构。或者说最清晰的后像结构代表着最适宜的兴奋灶结构。如果推而广之，其他视皮层的兴奋灶就有可能有类似的结构，或者说没有理由排除它是此种结构的可能性。

后像结构的产生源于同时诱导，或者更完备地说也包括同时诱导在其后作用影响下出现的继时诱导。皮层任一点的兴奋将诱导为其周围的抑制。而后像区是由无数的皮层点组成，这许多皮层点的共同作用诱导成整个后像外围的抑制区。这样就决定了后像结构中的两个体系：一个是后像本身的兴奋体系，另一个是后像外围的抑制体系。

后像区内无数皮层点的活动，不是各自为政的活动，而是围绕着活动中心（即后像的重心）来活动的。波状扩散就是从这个中心向外做圆形扩散的。可以这样假设，最初在这一区域内的无数细胞在接受外感受性冲动信号时，它们同时活动着，随后，各皮层点活动的互相加强，使后像重心区域的细胞群在活动中所产生的兴奋过程加强；反过来，这和整个后像区域兴奋性的加强而产生的同时诱导使它周围兴奋低落，于是造成了宏观感觉的较暗的暗圈。而这个暗圈又诱导他周围的细胞，使它的外圈变亮，内圈更亮，这样直到后像边缘。但后像边缘原来就和抑制区相邻，因而它将受到双重的诱导，一方面是来自边缘内圈的诱导，另一方面来自外圈的诱导，这样便形成了对偶性的正负诱导线，最明与最暗的地带就在这里（在第三章颜色同化一节，将看到这种双重诱导的强大力量）。换句话说，不管什么诱导，其活动永远是对偶性的，并且二者同时产生，也同时消灭。

以上这些现象是有条件的，如果所观察的图片非常小，则生成的后像也就十分小，好像在这么小的皮层空间，没有足够的地方供其活动，于是这个后像在昙花一现后，就很快地消失了。大概再经过 1/4~1/2 秒（因为波状扩散的周期是每秒 2~4 次），继时性诱导又发生作用。活动中心开始变暗，兴奋由高涨变低落。而它四周的同心圆地带，一方面也发生继时性诱导，另一方面又受到它内外圈的同时性诱导影响，于是兴奋高涨和低落的地带改换位置。但唯一特别的是正负诱导线并不因此而互换位置。除非再经过一段时间到时相交替时。由于后像内部各兴奋高涨与低落圈，并没有明显的界线，也就是没有明显的区域划分。但在波状摆动现象中，在诱导线上却见到了周期性的摆动。

既然兴奋过程和抑制过程有相互加强的作用，那么兴奋灶的这种结构，必然要起到相互加强的作用，从波状扩散中最明亮的、兴奋高涨的临时整体部分，扩散到这个整体的边缘。相邻的镶嵌结构点应有相互加强作用，这时它们作为一个功能性的整体，到处是兴奋点，在紧邻这些密集的兴奋点集团就会产生明亮的诱导线，以限制兴奋过程继续扩散，好像它生成了一个无形的保护层，又像遇到了什么障碍又反射回来。这一现象便是那个强大的正诱导作用产生了障碍的缘故。从整个波状扩散现象看，兴奋过程的扩散与抑制波的集中，这两个互为影响的活动就起到互相限制的作用。从而使相反的神经过程局限于特定的区域内，使诱导现象永远发挥着强大的作用，以保持特殊区域内的各种有益活动。从后像的时相交替现象与后像存留时间的关系看，正负时相的周期性活动很少有十分明显的变化。而后像的存留时间决定于正负时相交替往返的次数，实际上是决定着后像结构的完善。

当眼球微动时，视网膜忠实地履行着自己的职责，把因眼球微动而产生的视像变化如实地传递给视皮层，而视皮层的兴奋区有诱导圈的保护，使这种新来的信息无法进入，这样才制止了视觉模糊的发生，使视觉更清晰，正像波状扩散时后像区的中心由于内抑制的加强反而变暗一样。诱导圈双重对偶的存在，功能十分微妙。

在后像的发展变化中，为什么正负时相一次又一次地交替往返呢？答案应该是：这种交替往返的现象是对一定条件下出现的一定区域的一定神经过程起着巩固的作用。这种巩固作用是记忆的基础，是以后所讨论的定型化的基础，也是抽象、概括、分析、综合的基础。

以上的讨论说明兴奋灶不是一个简单的光点或光点群落，而是有着复杂结构的。一定的结构永远是为一定的生理心理活动服务的，那么兴奋灶的结构在维持、巩固和加强其生理心理活动方面，对于大脑的机能必然有着十分重大的意义。

镶嵌结构是大脑皮层经常出现的一种结构，这种结构的出现和发展是大脑用以指导、调节、制止某些生理心理活动的。兴奋灶的结构是镶嵌结构的一个组成部分。正常的生理心理活动产生于正常的皮层结构，当兴奋灶的正常结构不出现时，大脑皮层的镶嵌结构便成为反常的，其机能活动也必然是反常的或病态的。现在再重复一遍，兴奋灶的正常与反常结构是反映生理心理的正常与反常活动的。因而它在皮层镶嵌结构中，应该是生理活动的单元，也是心理活动的单元（至少是单元之一）。

第三章
多后像和后像群

前两章讨论的是单一后像——视野中只有一个后像。在视野中有两个以上的后像称多后像。有很多后像时，称之为后像群，二者没有严格界限。

在多后像或后像群中，各后像的位置、大小、形状、颜色以及发展过程特别是后者，都不能按单一后像（第一章）的规律来分别加以预断，因为各后像都是互相制约的。本章研究的便是这种相互制约的现象和原理。

当把后像看成是一个兴奋灶的时候，每个后像的四周都是抑制区，那么后像群将是一个兴奋区与抑制区犬牙交错的模型，这个模型就是巴甫洛夫所说的镶嵌结构。

第一节　后像的融合

准备一个同大小、同形状倒置的等腰三角形（白色，高 1.5 厘米，底边 3 厘米）。两个三角形底边倒置于同一水平线上，两个三角形的两相邻底角的顶点相距 2 毫米。光源为 60 瓦电灯，眼睛与图片距离 20 厘米。注视标记点为两个图片相邻底角顶点的中间点，距两顶点各 1 毫米。注视 10 秒后遮断光源，体验后像。后像初出现时和单后像融合前，在靠近两个后像的边缘附近形成一个共同的诱导圈，把两个即将融合的后像包围起来。开始融合时，两个后像互相接近［小后像向大后像移动得更多一些（图3-1）］，直至融合。融合后像的中间部分会变得越来越粗，这个粗的部分又向中间凹陷，越陷越深，终于相互分开，变成两个后像，但并不回复原来的形状，而变成两个大小不等、近于圆形的后像，原来的大后像更大一些。随着这种变化，其后像边界越来越不清晰，最后共同消失。

从后像达到最清晰之时刻起，经过 2~3 秒，融合的后像又自原融合部分分开。起初融合部分由宽变窄，然后断裂成两个后像。这两个后像失去原形（三角形），变成两个圆形后像（图 3-1c），其边缘界限不够清楚。再过 3~4 秒，两个后像又融合起来。起先这两个圆形后像变为椭圆形（图 3-1d），然后两个后像靠近的部分伸长，然后融合成近似哑铃的形状（图 3-1e）。之后又分开成两个圆形后像（图 3-1f）。如此周而复始，两个后像界限一次比一次模糊。在室内日光下注视 20 秒，一般经过 3~5 次反复，后像便消失。

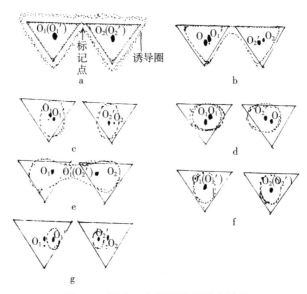

图 3-1 两个三角形后像的融合过程

注：a 为遮断光源后 6~7 秒，O_1 与 O_1' 重合，O_2 与 O_2' 重合；b 为遮断光源后 13~14 秒，O_1 与 O_1' 分离，O_2 与 O_2' 分离；c 为遮断光源后 18~19 秒；d 为遮断光源后 20~22 秒；e 为遮断光源后 23~24 秒，O_1' 与 O_2' 重合；f 为遮断光源后 28~29 秒，O_1 与 O_1' 再重合，O_2 与 O_2' 再重合；g 为遮断光源后 33~34 秒，O_1 与 O_1' 再分离，O_2 与 O_2' 再分离。除 a 外，其余均未画出诱导圈。

在后像的融合过程中，三角形后像照样出现尖角消失的现象，尖角变钝最后变为圆形。但由于两个后像的相互影响，并不完全按照各自单独存在时

（单后像）的规律变化。两个相离很近的三角形后像的两个相邻底角，并不是由变钝而远离，而是相反，是彼此向对方靠近、变形、融合（图 3-1 和图 3-2）。

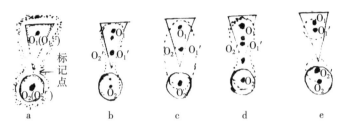

图 3-2　三角形锡箔和圆形锡箔的后像的融合过程（直射阳光下）

注：a 为遮断光源后 10 秒，O_1 与 O_1' 重合，O_2 与 O_2' 重合；b 为遮断光源后 13 秒；c 为遮断光源后 15 秒，O_1' 与 O_2' 重合；d 为遮断光源后 17 秒，O_1' 与 O_2' 分离；e 为遮断光源后 21 秒，O_1 与 O_1' 再分离，O_2 与 O_2' 再分离。除 a 外其余均未画出诱导圈。实线、虚线、O_1、O_1'、O_2、O_2' 的意义同图 2-3。

所有两个相邻图片的后像，只要是它们相互靠近，不管两个图片的形状、大小、颜色是否相同，所生成的后像，在形状、大小、颜色上，都和分别单独观察的单后像一样，只是在结构上当两个后像同时出现时，总有一个包围着两个后像的共同诱导圈，紧紧地包围着两个暂时独立存在的后像。并且在它们的发展过程中，两个后像都会发生融合现象，融合点都是在两个后像靠近的地方。融合的时间总是在正负时相趋于交替的阶段。融合前，特别是分离后再融合之前，两后像的重心相互靠近（图 3-1 和图 3-2）。当两后像大小相等时，相互靠近，当两后像一大一小时，小后像向大后像作较多的移动，而且在融合后再分离时，两个分离后像重心一般地都不能复原，仍然相互靠近一些。很像惯性和万有引力的关系，质量大的惯性大。

两个后像的融合，应看成两个后像区的神经过程自融合点发生局部扩散。两个后像融合之前，每个后像都有自己的诱导线。这样两个后像内的神经过程，就难于通过这个诱导线而任意扩散。但当后像即将走向朦胧状态时，神经过程便容易通过这两条濒于崩溃的诱导线，突围而出，自由扩散。

从后像的结构看，当两个后像靠近时，在靠近前，这个地方虽然也有正负诱导线，但这个地方在融合时诱导线首先消失。对于两个后像作为一个整体来看，两个后像总是包围着一层共同的诱导圈。诱导圈是两个后像共同的环状结构。诱导圈一方面限制圈内的能量无止境地扩散（第四章第二节诱导圈的光点运动将讨论这种现象）；另一方面，它又以这个顽强的诱导能量阻止外部神经过程干扰的侵入，以影响内外平衡。

两个后像靠近的地方，对于后像外围来说呈尖角状态，即背景的图形在这个地方是尖角状的。在这个意义上，两个后像的融合代表背景尖角消失的一面，也就是对于融合点附近的局部抑制解除。两个后像初出现时并未融合，而融合点附近是后像的外围部分，是抑制区。当两个后像融合后，这个地方的抑制便消失或暂时消失，变为共同的兴奋区。也就是产生了局部抑制解除。

两个后像融合时，神经流涌向融合点。由于后像的尖角消失，神经流来自两个后像的尖角，涌向后像的重心，再继续流向融合点。于是后像的重心便随着这种神经流的运动而向融合点的方向移动，使两个后像的重心相互靠近。当两个后像大小不等时，好像大后像对小后像有吸引力似的，把小后像吸引到自己的一边来。一般情况下，大后像的重心比小后像的重心离融合点远，这样小后像势必要移动较大的距离才能到达融合点。另外，神经流的运动像是有一种惯性。当眼睛停止了对上升后像的反向追随运动时，后像将继续做1~2秒的下降运动。当等腰三角形的后像做底边扩大高度减低的运动时，并不停留在等边三角形后像的阶段，而是继续向前运动，变为一个低矮的等腰三角形。当融合点的融合部分由窄变宽时，它继续这个运动，使哑铃形后像变为椭圆形后像（第四章后像中的光点现象中将提到这种惯性还表现在光点运动中）。那么，小后像向大后像移动时也有惯性成分，它的本质是神经过程的后作用。

后像融合后又重新分开，这是在朦胧期之后发生的。这时，两个后像内部发生深刻变化之后走向相反的时相。这种神经过程的转换，在两个后像的融合点附近进行得最慢。当两个后像已进入相反的时相时，融合点附近还停留在原来的时相上。在明暗的感觉上，它和两个后像的四周是一样的。也就是说两个后像处于负时相状态，后像本身是暗的，四周是亮的。融合点附近在两个后像融合的初始是亮的，而当后像本身变暗四周变亮时，它是亮的，它走向亮的一方。于是融合的后像又断裂为两个后像，迟一步变暗。

后像的融合部分在融合初始为什么暂不发生时相转换呢？可能是时相转换后，两个负时相的后像对融合点附近产生负诱导影响。两个后像虽然融合了，但其活动中心（重心）并没有融合。所以两个后像进入负时相时，两个活动中心却在独立活动，共同对融合点附近产生诱导影响，使这个融合部分仍然保持一定的兴奋状态。

第二节　后像的重叠

在已经形成的后像上再造成另一个新后像，这样便有两个或两个以上的后像在位置上发生全部或部分重叠的现象，称为后像的重叠。

重叠后像可以用下列几种方法造成。

方法一：在同一刺激图片上规则或不规则地轮流注视几个不同的标记点。

例：在直径 3 厘米的白色圆形刺激图片上，做两个注视标记点 P 和 Q，分别在圆心 O 的左右，与 O 相距 5 毫米，如图 3-3 所示。先注视标记点 P，10 秒后注视标记点 Q，再过 10 秒返回来注视标记点 P，如此往返若干次，然后关灯体验后像的变化。

图 3-3　变更注视标记点的刺激图片

用这种方法来观察两个相交或离得很近的图片时，都是首先在这些后像的外围生成一圈围着它或它们的诱导圈。在诱导圈内是两个相交的圆，其重叠部分是相交的梭形部分（图 3-4a），这一部分较广大的后像外围区更暗。当整个后像为正时相时，这一部分为负时相。在正时相前期，非重叠部分为正时相，重叠部分为负时相，二者都有非常明显的诱导线（图 3-4b）。

当后像的非重叠部分发展到正时相中期时，梭形的重叠后像的两个尖端向中心收缩，出现尖角回缩现象，说明其活动中心有强大的能量把神经流吸引到自己的重心，使其形状由梭形变为长椭圆形（图3-4b）。与此同时，后像的梭形部分的两个尖端自两圆的交叉点向梭形的中部集中时，这部分后像的外围部分也出现尖角回缩的现象。随后，后像的非重叠部分在两圆交点附近与重叠部分的上下两端的距离变大，并逐渐与母体后像分开，使后像变得近于苹果形（图3-4c）。最后，当后像的非重叠部分发展到正时相的后期时，椭圆形的重叠后像和苹果形的非重叠后像都变为圆形。（图3-4d）

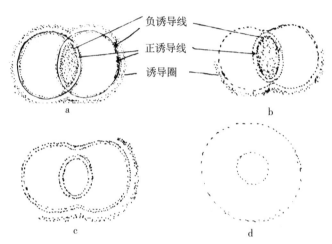

图3-4　由变更注视标记点所产生的重叠后像的发展过程

　　当后像的非重叠部分过渡到负时相时，重叠后像变为正时相。二者在时相交替中始终处于相反的时相状态，二者的诱导线正负方向恰好相反。相同性质诱导线相互排斥，而重叠部分的负诱导线似乎对于非重叠部分的负诱导线有更大的排斥力。

　　方法二：圆形图片做偏心旋转。

　　直径为30厘米的黑色旋转圆盘做背景，刺激图片是直径6厘米的白色圆形图片，固定在旋转盘上，使其圆心 O_2 与旋转盘圆心 O_1 相距2厘米（图3-5a）。

　　试验方法：使旋转盘旋转，每秒4~5圈，开灯，注视0.10秒，然后关灯，体验后像。所生成的后像为两个同心圆。小圆为重叠后像，大圆为非重叠后像。二者都无明显的诱导线。后像出现时，非重叠后像为正时相，重叠后像为负时相（图3-5b）。在时相交替中，两种后像始终处于相反的时相状态中。

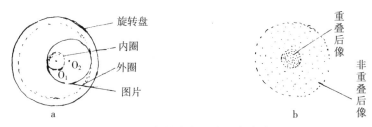

图 3-5　旋转盘与图片后像试验

注：a 为旋转盘与图片的位置；b 为偏心旋转的图片所生成的后像。

用前一种方法造成的重叠后像是真正的重叠后像，是在已形成了的后像上，在后像区域内另外形成一个新后像，原后像与新后像部分重叠。用第二种方法时，旋转盘上共分三个区域，其光刺激的性质完全不同。第一个区域是以 O_1 为圆心，以 O_1 至图片边缘的最近距离为半径所作的圆（内圈）。在旋转盘旋转时的注视期间，这个区域始终是以白色光线反射到眼睛中。第二个区域是以 O_1 为圆心，以 O_1 至图片边缘的最远距离为半径所作的圆（外圈）和内圈之间的部分。这一部分在注视中，始终是以黑白相间的反射型光线刺激不断送入眼球。第三个区域是外圈之外至旋转盘的边缘。这一区域为黑色，可粗略地视为无刺激区。严格地说，外圈和内圈之间的后像，是一个无固定区域的每秒 4~5 次的不断重叠的后像，内圈的后像只是不间断的和它本身重叠。

实际上，即使在单后像中，如果注视时间不太短，也是在原后像的基础上，再在原位置上形成大小、形状和原图像相等的重叠后像。比如在注视 5 秒的情况下，在注视 1/16 秒的时间内，已经成为这个区域的未来后像，这就给最初后像的出现和稳定奠定了基础。此后，视痕迹并未消失，而注视仍在进行，由图片反射的光线仍在源源不断地射入视网膜并传入视皮层，并使视皮层形成的兴奋与抑制过程，在其间没有变动，致使神经过程在同一区域内得以累积。清楚的后像正是通过这种积累造成的。所以任何清楚的后像在上述意义上，都是同一皮层区域内形成的同形状的重叠后像。这近似于被称为积累反射的那种现象。

在用第一种方法造成重叠后像的情况下，当注视标记点 P 时，在视皮层一定区域内造成一个后像。当注视标记点 Q 时，在另一个区域造成另一个相同形状的后像。这两个不同区域但却是同一形状的后像，有一部分是重叠的，这一部分被称为重叠后像（为了简便以后称注视标记点 P 时产生的后像为 P—后像（除去重叠部分），称注视标记点 Q 时产生的后像为 Q—后像（除去重叠部分），称二者的重叠部分为 P—Q—后像。

当第一次注视标记点 P 时，出现 P—后像。当注视点由 P 移至 Q 时，在 P—后像区中无光刺激，这样持续 10 秒后，P—后像区将不断地向抑制方向发展。在第二次注视 P 点时，P 后像的痕迹并未消失，加上现实光刺激的作用，必使 P 后像得到加强。反之注视 Q 点时将加强 Q 后像。于是在轮流注视 P 和 Q 时，将不会使任何一个后像在其发展过程中中途衰落。

P—Q—后像区是重叠区域，在轮流注视 P 和 Q 时，这一区域始终不间断地接受光刺激，使这个区域的兴奋过程得以累积，该区将走向抑制。而这时 P—后像区和 Q—后像区则维持着一定强度的兴奋状态，所以在遮断光源后，P—后像和 Q—后像为正时相，而 P—Q—后像则为负时相。这种相反的时相状态在时相交替中将继续下去，因为相反的神经过程是通过相互诱导而彼此加强的。

在单后像的发展过程中，后像的活动中心在它的重心上。但在 P—后像、Q—后像和 P—Q—后像同时存在时，并不是由三个平等的活动中心各自支配三个后像的活动，而是以 P—Q—后像的活动中心为主，不断的影响 P—后像和 Q—后像的活动。

首先生成梭形的 P—Q—后像其两个尖端，在其活动中心的影响下，产生尖角回缩现象，使后像由梭形变为椭圆形进而变为圆形。这使 P—后像和 Q—后像在 P—Q—后像上下两尖端收缩回去的部分发生融合，并且随着 P—Q—后像的变圆，使 P—后像和 Q—后像融合成同心圆状，好像 P—Q—后像对其他后像部分是有引力的。P—Q—后像区的神经过程，由于长时间的注视积累，强于 P—后像或 Q—后像，它必然起着更大的支配作用，因为注视时间是 P 后像区或 Q 后像区各 10 秒的刺激并各有 10 秒的休息，不断轮换的，只有 P—Q—后像区是连续接受几十秒刺激的。

P—后像、Q—后像和 P—Q—后像的发展过程，是由三个活动中心分别进行活动的结果。首先 P—后像区和 Q—后像区在上下两个接触点中央发生融合现象，融合的部分由窄变宽，两后像的重心互相靠近。这是符合后像的融合规律的。其次，P—Q—后像发生尖角回缩现象而变为圆形，也符合单后像尖角回缩的规律。但这种看法在以后慢慢被抛弃了。如果做一个和 P—后像及 Q—后像同大小，同形状的白色图片，并把这两个半月形图片依照

P—后像与Q—后像的位置关系对合着放在黑色背景中，注视两个图片所夹的梭形重心。这种一次性注视后所产生的后像和轮换注视所产生的P—后像、Q—后像和P—Q—后像大体一样，但中间梭形部分没有P—Q—后像那么暗。表明一次性注视所产生的视痕迹浅，更容易在该区产生抑制。更大的不同是在后像的发展过程上，两后像所夹的梭形部分也会变为椭圆形，但很难变为圆形，特别是两个半月形后像在融合后不能变为圆环形。这表明这个视痕迹较浅的区域缺乏连续活动的能力，仍是由于该区视痕迹较浅，缺乏连续活动所需的动力。

第二种方法造成重叠后像时，内圈始终保持着光刺激，而外圈和内圈之间也是光刺激与休息交替出现，只是时间极短罢了。在这个意义上，这两种方法是相同的。所以在重叠部分保持负时相，非重叠部分保持正时相这方面也是相同的。只是由于图片做偏心旋转，重叠部分和非重叠部分无明显界限，从而无法造成明显的诱导线。

不论用哪种方法造成重叠后像，都是由于连续光刺激加强了这个区域的神经活动的积累。可见神经过程的积累是有强大效果的，这种积累作用已被条件反射的许多研究所证实。

时间误差是由于第一个刺激而过高或过低估计第二个刺激的倾向。这可以看成是由于刺激的效果在皮层中不断重叠和积累而引起的现象，如果除去主观判断的影响，对刺激大小的判断将取决于刺激物所引起的皮层过程的强弱。当第一个刺激作用之后，在皮层留下一定的痕迹，在这个痕迹未消失之前，第二个刺激所引起的皮层过程必然要和第一个刺激的痕迹发生重叠，引起皮层过程的积累，从而加强了第二个刺激所引起的皮层过程，于是产生了过高估计的倾向。

研究者发现当标准刺激与比较刺激的时距为1~2秒时，出现正时间误差，时距为四到六秒时出现负时间误差。当时距为1~2秒时，第一个刺激引起的皮层过程处于相当于后像的正时相阶段，于是第二个刺激引起的皮层兴奋过程便和第一个刺激引起的"正时相"痕迹重叠，从而加强了第二个刺激引起的兴奋过程，于是产生了过高估计的正时间误差。当时距为4~6秒时，第一个刺激引起的皮层过程处于相当于后像的负时相阶段或正时相阶段的末期。这时第二个刺激引起的皮层过程，在重叠面上将引起抑制效果，而不是兴奋效果。这正像绿色后像的末期在光线穿过眼皮时变为红色后像一样。而同一个绿色后像如果在它刚出现1~2秒，新的光刺激却使它变得更绿。

在经常练习下，上述情况发生了变化，时间误差可以反转过来。这可以看成声音刺激容易走向抑制的现象，也就是视觉的痕迹效果比听觉的痕迹效果大。在练习过程中，使听分析器走向适应的时间逐步提前，于是出现某种特定频率的听觉感受区维持兴奋过程的时间缩短，最后只维持 1 秒。只有在这个时间内，第二个刺激才能加强重叠面的兴奋过程，才能出现正时间误差。关于这一点在后像现象中也出现类似的情况。经常的练习使潜伏期缩短，于是便改变了时距在比较刺激作用后经常出现的情况。

所谓系列效应，也可以用相同的观点去解释。

有学者在研究思维活动对比的生理机制时，曾这样假设："各种被加以对比的实体，只有部分相似，在相应的静态扩散中，将产生兴奋的局部重叠，这种重叠加强重合地方的兴奋过程，同时减弱另一些细胞的兴奋过程"。这和在后像中所看到的局部重叠现象极为相似。这里所讲的是思维活动，这个活动还解决得不够彻底，但很明显该学者已意识到这种活动是和皮层一定部位的兴奋活动和抑制活动密切相关的。而皮层的这些活动正是皮层镶嵌结构及其移行，也就是说思维活动本身应看成是在皮层镶嵌结构的连续性移行中实现的。

比连·巴乌姆在《论知觉的意义成分和结构成分的对比问题》中提到一个病例：病者在认知图形模型和实物方面有困难，在说出实体的名称时，多依靠猜测，但很容易按照主试者说出的名称而指出这些实体①。

当主试者说出一群实体中的某一实体的名称时，引起被试者对这种实体的知觉有关的皮层活动。对于说出名称和引起相应的皮层活动来说，是在过去长期的生活过程中形成的，它是十分巩固的。当被试者观察一群实体时，其中只有一种实体在视觉方面和说出名称引起的皮层活动在特定皮层点上相重合或部分重合。再详细一点说，伴随着主试者说出名称，在被试者的皮层活动中，某些兴奋点变为抑制点，另一些皮层点由抑制变为兴奋，还有一些皮层点维持着原来的兴奋或抑制状态。也就是说，主试者说出名称引起被试者皮层产生特定镶嵌结构以及这种结构特定的发展变化，这就是呼名反应。与此同时，被试者在观察一群实体时，只有一种实体能引起和呼名反应相同或相近的皮层镶嵌结构，至少在视皮层是如此的。而视皮层的这种镶嵌结构

---

① 鲁宾斯坦，等，1958. 知觉心理学研究［M］. 王铎安，译. 北京：科学出版社。

对于呼名反应来说只是全部皮层结构的一部分。如果这种部分的结构还不足以引起全部呼名反应的镶嵌结构的产生，那么由听觉（主试者说出的名称）引起的呼名反应结构将包括视皮层中的部分结构，于是这种部分结构便和由视觉引起的视皮层中的部分结构相重叠和部分重叠，而这种重叠加强了视皮层在听到主试者说出名称时镶嵌结构的某些有关兴奋点或抑制点的活动，病者便利用这种重叠效果来判断识别实体。

"当主试者命名不正确时，病人便按照不正确的命名来感知实体。例如，主试者问伞在哪里，病人指着钟说，它看到伞是圆的，张开的。"这里病人虽然认错了，但是神经活动的机理却是相同的。这表明，"圆的和张开的"代表着伞的呼名反应所引起的视皮层镶嵌结构的某些组成部分，和圆形钟的图所引起的镶嵌结构的相同组成部分至少有一部分是重叠的。重叠部分是整个结构的活动中心，是被试者进行判断的依据。

言语强化能提高分析器的感受性，道理就在重叠效应。它们所论述的是在言语强化的条件下，提高分析器的感受性。这里着重阐明的是皮层的重叠效应，以及这种效应对皮层镶嵌结构的影响。而感受性的提高在于皮层对于有关的某种镶嵌结构，而不在于或不完全在于某分析器的状态。皮层的任何分析器的活动都不是独立的，都受该分析器和其他分析器在皮层已有的镶嵌结构中的影响。而重叠效应是影响皮层镶嵌结构的一种因素或因素之一。言语强化，是通过所谓第二信号系统来影响特定分析器的皮层活动，这是第一个刺激。而随后对特定分析器的刺激将重叠或部分重叠于第一个刺激曾影响过的皮层点上，从而起了增强刺激效果的作用。如果想使第一刺激有效的话，第一刺激和随后的刺激必须限制在一定的时距范围内。

以上是从表面现象来观察的结果，它已暴露出这种方法的不足之处。当把以上的时相现象称之为后像区优势现象的反转时，应该同时能解答为什么一定要出现这种反转现象。

如果从整个后像中重叠区与非重叠区的结构与活动的关系着眼，在单后像中，整个后像的活动变化是由一个活动中心来指挥的，如果我们把后像的重叠与非重叠部分作为一个整体来看，它的变化发展也应当是一个相当于活动中心的部分来指挥的。

当进行后像试验时，由于轮换注视点使整个后像区产生了重叠区与非重叠区。在重叠区由于注视时间长，所生成的后像在结构上也是坚强有力的；对于非重叠区来讲，预示着这一部分将发展成为全体后像的领导力量。于是这一部分通过尖角消失的手段，使自己首先独立于全体后像，然后用强大的诱导力来影响其他部分，使自己成为活动中心。用另一种术语讲就是出现了优势区，不过这个优势区并没有转换，它一直优势到整个后像衰退。

第三节　后像群的挤压现象

　　用 19 个直径 2 厘米的白色圆形刺激图片排成实心正六边形，如图 3-6a 所示，各图片的距离相等约 3.5 毫米，60 瓦白炽灯泡距桌面 1 米。注视图片 10 秒后，关灯体验后像，则 19 个后像按图片的排列方式同时出现，成为圆形的后像群，其周围有诱导圈，在正时相时每一个后像都有正负诱导线，各后像界限分明，到正时相中期，每个后像都向四周扩大，互相挤压成蜂窝形，后像中间部分的后像遂由圆形变为正六边形（图 3-6b）。但最外圈后像为圆弧，其形状略有不圆，三个、两个互成 60° 的直线围成后像（图 3-6b）。由于每个后像在正时相前期都向四周扩大，各后像之间的空间就缩小了，当缩小到一定程度时，各后像开始接触。但由于有诱导线的存在，各后像暂时还不能从接触点上融合。这时后像仍在继续扩大（图 3-6c 为放大图），后像间的空间（即抑制区）则继续缩小，继而消失，最后各后像的正诱导线仍保持原形，而负诱导线全部融合变成正六边形的一条边（图 3-6e 为放大图），这样两相邻后像的负诱导线便成为两后像的公共负诱导线（图 3-6e），至此后像群变为蜂窝状。

　　后像群继续发展，诱导线崩溃，各后像融合。融合时首先是中心的后像和包围它的 6 个后像中的 1 个或几个先融合（图 3-7a），然后中间 7 个后像全部融合（图 3-7b），最后已融合的后像再与外围的 12 个后像融合。各后像的界限全部消失，至此进入朦胧期（图 3-7c）。

　　由此进行以下讨论。

　　正时相中期后像的扩大代表着视皮层兴奋区的扩大，抑制区的缩小。这表明在这个时刻兴奋过程扩散的能量继续向抑制区扩散。因为在后像之间的抑制区太小，没有活动余地，说明后像的大小有较大的可塑性。

　　负诱导线的融合好像加强了抑制过程，融合后的负诱导线看起来更暗一些。各后像的界限更加明显。由于负诱导线的融合，表明后像大小的可塑性

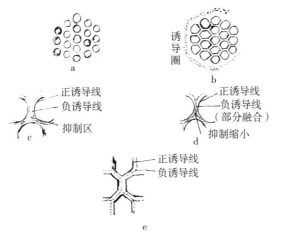

图 3-6 后像群的挤压现象

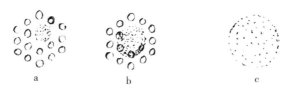

图 3-7 后像的融合过程

注：a 为 3 个后像已融合；b 为中间 7 个后像融合；c 为后像全部融合。

在这时达到了顶峰。负诱导线融合后并不马上消失，所以，各后像并不马上融合，相反地，延缓了后像的融合过程。关于后像在其正时相前期扩大的问题，在单后像试验中是看不到这种现象的，虽然后像本身也在扩大，但没有对比不易察觉，并非单后像在这个时期不扩大。

随着时间的推移，后像内部抑制过程不断的积累，同时诱导的力量减弱，负诱导线在走了一段艰难的历程之后便不能不崩溃了。随着负诱导线的崩溃，后像本身便开始融合。最外层后像之所以发展过程较为缓慢，是因为它们处的地位离后像的活动中心较远，时相交替周期较长的缘故。

从后像的尖角消失现象和后像群的挤压现象看，一方面正负诱导线不是两条死板的线，后像的变形并不和诱导线相分离。也就是后像虽可变形，但整个后像在正时相前期其结构相对不变。另一方面，变形总是沿着一定的界面变，表明皮层细胞有沿着原先形成的界面活动的惯性，由于这种惯性的存在，才在正时相前期不致使原始后像的形状发生过大的变形。从而变形只发生在时相交替中。

第四节 后像群的定型化

【试验1】

直径1厘米的白色圆形刺激图片，共16个，自上而下分4行排列，每行4个，上下对齐排成正方形。各图片间的距离为2毫米。注视标记点在正方形对角线的交点上（图3-8）。

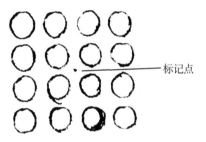
标记点

图3-8 方形图片组的排列

开灯，注视标记点5秒，关灯体验后像20秒，休息5秒，反复5次。然后进行对比试验：在记忆性试验中最后一次休息期间开灯，撤除图片组中任一张图片，注视标记点2秒，体验后像。

结果：在本试验中，被撤出的图片位置上也出现了同样的后像，即后像群为16个圆形后像，而不是15个。

【试验2】

如果刺激图片作两圈圆形排列，内圈6个，外圈10个。内圈相邻两图片的距离为2毫米，外圈相邻两图片的距离约3毫米（图3-9）。开灯注视标记点10秒，关灯体验后像25秒，休息5秒，反复10次。

结果：在试验1中，后像出现时为16个方形排列的后像群，但第一次朦胧期后便不再出现这个后像群，而出现的是试验2的圆形排列后像群。

如果对方形排列的图多次注视时，图片组跟随背景旋转约50°，结果后

图 3-9   圆形图片组的排列

像出现 16 个；如果仅改换一个注视标记点，结果后像依然是 16 个。

由此进行以下讨论。连续多次注视按一定方式排列的图片组后，然后抽去图片组中的一个图片，这个空白位置上仍有后像。这种现象是不是神经过程的惰性现象呢？神经过程的惰性现象，常发生在皮层的一定区域，虽然这个区域有时扩大有时缩小。多次观察按一定方式排列的图片组之后，抽去图片组中的任何一个，都不影响后像群的完整性。这说明并非哪一个皮层位置上出现了惰性兴奋灶，虽然还不排除所有后像位置的视皮层相应区都成了惰性兴奋区的可能性，但当改换试验方法，旋转图片群和改换注视点的试验结果完全排除了这种可能性。如使整个图片组旋转约 50°（在反复旋转中的使图片位置不发生过多的重合），这样便只变更了各图片的整体位置，而不变更各图片间的相关位置。或者在注视时经常变换注视标记点，不使任一图片落在视网膜的固定位置上。在这两种试验后，抽去图片组中的任一图片，如试验中，空白位置都会出现后像。在这些试验情况下，后像在视皮层中没有固定的位置，因而也就不可能发生有固定位置的惰性兴奋灶。

后像在其发展过程中可以扩大也可以缩小，还可以变形，造成这些现象的原因都离不开视皮层中兴奋过程和抑制过程，即离不开视皮层的镶嵌结构，随着时间的推移，在各自占据的空间上，不断发生变化造成的。所以，考虑上述现象时也不能离开这种变化着的相互关系。如果把上述现象也看成是皮层上的惰性现象，那么它不是某些皮层点发生某种神经过程的惰性，而是各图片间固定的相关位置反映在视皮层中而产生兴奋与抑制区域相互关系的惰性。

在人类的系统发育和个体发育的过程中，呈现于人们面前的实体，实体的各部分以及其背景，都在大小、形状、颜色、位置等方面，以固定的或变动着的相互关系（此处专指视觉方面）展示出来的。大脑皮层要正确地反映事物，就离不开这种相互关系。

把上述现象称为后像群的定型化。这种定型化是图片（或实物）间大致固定的相对位置，由于多次注视、多次重复而深深地印入视皮层，在视皮层造成相应位置关系的相应神经过程。正是两种相反的神经过程在相应的皮层空间上的相对固定的关系，才使空白位置也出现了后像（虽然这个后像比其他后像要暗淡一些）。再说具体一些，在后像群中，各后像间有一定大小，各后像间有一定距离，这种特定距离反映着图片组中各图片间的特定距离和特定大小之间的特定关系。每个后像是一个兴奋区，除此之外全是抑制区，也就是图片反映在视皮层中的是特定形状的有着兴奋过程的区域。背景反映在视皮层中的是广泛的有着抑制过程的区域（在黑色背景下后像的正时相）。这样图片组中各图片之间的关系便转变为后像群中各后像的相应的兴奋和抑制交错的镶嵌关系。这种相应的镶嵌关系，由于多次重复而相对地固定和巩固了。在这种情况下，也只有在这种情况下，当图片组中缺少一个图片时，各图片形成的后像将根据已相对巩固的特定镶嵌关系，把空白位置上的后像诱导出来（同时诱导）。

当两个定型化镶嵌结构相互冲突时，总是巩固的定型化结构压倒不够巩固的定型化结构。当对某种特定排列的图片组造成初步定型化后像群时，在遮断光源后，这个后像群总是按照自己原来的形态进行时相反复。但如果在最近造成了一个比原定型化后像群更巩固的新定型化后像群，那么，这一新的定型化结构就会压倒原有的定型。定型化了的圆形排列后像群是在反复10次后巩固下来的，而方形排列后像群是经过5次的反复巩固下来的。同时对圆形排列的图片组每次注视10秒，而对方形排列的图片组，每次只注视5秒。所以圆形排列的后像群较方形排列的后像群是更为巩固的定型化结构。在这种情况下，当方形排列的后像群进入朦胧期后，如果没有这个更为巩固的圆形排列的已定型化了的镶嵌结构，朦胧期后仍将出现方形排列的后像群。但由于试验2中，已经造成了这个更为巩固的圆形排列的定型化结构，这样才在朦胧期之后，出现了圆形排列的后像群。这便是巩固的定型结构压倒不巩固的定型结构的现象。

朦胧期的迷漫抑制给新镶嵌结构的出现创造了条件。在试验1中，由于注视的是方形排列的图片组，所以最初出现的是方形排列的后像群，而不是圆形排列的后像群。这是由于时间最近的现实光刺激的影响强于时间已过了较久的圆形排列的定型结构的影响。但在朦胧期后，现实光刺激的影响已变为痕迹性影响。而圆形排列的定型结构的影响，由于它是已经巩固的，并不因几秒钟的时间进程而减弱。这时二者相比后者较强，于是圆形排列的后像群代替了方形排列的后像群，也就是兴奋和抑制过程的平衡阶段（朦胧期）。微弱的神经过程，按照较强的影响重新组合而成圆形排列的后像群。

　　某年中秋节，由于节前一连进行了 3 天的小麦粒选工作，本人晚上赏月时偶尔观察了月亮的后像。在月亮的后像消失后，并不出现月亮的后像的负时相，出现的却是很多小麦的麦粒和麦穗的后像。时而清晰，时而模糊。这里完全没有想象的成分参与其中，不仅当时没有想到小麦，甚至连选种的事情都没有想过。难道这不是后像群定型化的结果吗？虽然选种时并没有体验过小麦的后像，也从来没有用小麦做实物来观察过它的后像。但选种时连续多次对小麦麦粒和麦穗的鉴别，麦粒和麦穗的视痕迹深深地印入视皮层，从而形成了牢固的定型。当月亮后像消失时（朦胧期），定型的影响将促使微弱的神经过程重新组合成麦粒和麦穗的后像。

　　一个类似的事件是某年秋天，本人在学校农场剪葡萄、称葡萄、卖葡萄，整整忙了一天。晚上做后像群试验时，朦胧状态后，却出现了一串串的葡萄后像，连葡萄梗都能清楚地看到。这是生活中第二次定型化的经历。以后类似经历增添了不少，并听到别人讲过类似经历。

　　长时间坐火车、坐汽车之后突然停止时，总是有一种似动非动的感觉，轰轰隆隆的声音好像还在响着。这和后像群的定型化现象并没有什么不同，只不过是发生在听分析器。

　　所谓瀑布错觉，实际上就是一种定型化现象。瀑布的水流动时，瀑布上的各点以一定的速度向大体上固定的方向运动。当注视瀑布一定时间后，瀑布上各点的运动关系反映到视皮层中，组成视皮层各相应点发生运动的相应兴奋和抑制的镶嵌关系。这种视痕迹不是固定的后像，而是各相应兴奋点在沿着一定方向运动。这种运动在注视一定时间后便定型化了。在定型尚未消退之前，去看岸上的树木时，等于把不动的树木置于运动着的背景中。由于习惯或者更确切地说，由于过去生活条件造成的十分巩固的定型，总是把背景看成不动的，于是看来树木在向上移动。这里瀑布的响声是作为附加刺激物加入瀑布发出的光刺激中的，于是形成了视分析器和听分析器组成的混合镶嵌结构。当视线离开瀑布时，响声仍在起作用，它作为大脑皮层镶嵌结构的一个组成部分，有助于整个结构的维持，起着巩固定型的作用。

转动螺旋也是一种定型化现象。转动时，图上各点沿螺旋向里运动，于是产生了缩小的感觉。这种感觉就和平时已经形成的"实体远离形体变小"的感觉联系起来形成后退的感觉，当转动螺旋转动一定时间后，螺旋各点的运动关系便造成视皮层各相应点做同样运动的镶嵌定型。当转动螺旋停止转动后，图上各点在视皮层又形成静的镶嵌关系，在感觉上引起静止镶嵌关系中的各点是由动镶嵌关系中各相应点通过运动而来的。这同样等于把图形上的各点置于运动的背景中，如果把背景看成不动，那么便是图上各点再做反向运动，于是出现了前进的感觉。

梦是大脑皮层的活动，但不可能是所有细胞全部在活动。那就是有一部分在活动，也就是有一部分处于兴奋状态，而另一部分处于抑制状态，这就是巴甫洛夫所说的镶嵌结构。但这种镶嵌结构又不可能是固定不变的，当它变的时候，就是镶嵌结构的移行。任何形式的镶嵌结构都会产生定型化，正如后像现象所表明的那样，任何定型化结构最终总会崩溃，于是便产生另一种镶嵌结构，也就是原结构向新结构转移。那么梦为什么不能看成镶嵌结构定型化活动的再现呢？睡眠时大脑皮层的迷漫抑制给镶嵌结构定型化活动的再现创造了条件，正像第一次朦胧期的迷漫抑制给定型化的镶嵌结构的出现，创造了条件一样，这时（睡眠时）现实生活在皮层中的印记，也就是新形成的定型化了的镶嵌结构（很多而又彼此不同的）及其运动变化由于抑制而停止活动。而已经遗忘了的旧的生活现实在皮层中的印记，即旧的曾经定型化了的镶件结构及其运动变化，原先在睡眠前是被新的定型化镶嵌结构所抑制的，但由于后者自身的抑制，旧的结构被诱导出来，呈现出梦境中的一个画面。而这种结构又按梦境的要求不时地转变为另一些有关的曾经定型化了的结构。于是，梦境的另一些画面又出现了。这样一幕一幕地导演下去就是完整的梦。于是，已经多年遗忘的东西又在梦中出现了。奇怪的是，有些梦一旦形成便连续不断地做下去。常遇到的是一场噩梦惊醒后再次入睡，相似情景的梦又出现了，而且可以重复 5~6 次，可见定型化在实现前相当顽强。

当梦的内容是属于新的现实生活时，那就是你大脑里新的定型化结构在导演着。当梦境完全符合生活现实时，不管这种现实是新的还是旧的，都是生活现实的定型化印记的"连环扣"，一环套一环导演的结果。当梦境不符合生活现实时，那就是"连环扣"有"缺环"现象，或者截然不同的新旧印迹掺杂着导演，或者在这个基础上再加入一些幻想画面。有一个时期人们不喜欢的画面在梦中接连不断地出现，问题并不在于喜欢或不喜欢，而在于人们大脑皮层对某种事物印迹太深了。一旦入睡，那些印迹就会被诱导出来，一旦被诱导出来，它就没完没了地导演下去，任何场面都由它来指挥。这时，意愿已"入睡"了，所有与意愿有关的皮层点都在"入睡"中处于抑制状态，"权利"完全自然地移交给这类印记。请注意"自然地"三个字表示并非霸道、并不勉强。知觉牵性问题、联觉、遗觉、条件反射、习惯等都是定型化的问题。

在第二章第五节后像的结构及其意义中，曾提到后像的时相交替现象，对一定区域的、一定神经过程的发生起着巩固作用。通过后像群的定型化现象再来看这个问题，一方面加强了巩固作用，另一方面应当深化这一概念。时相交替所巩固的不仅是一定区域的一定神经过程，更重要的是巩固这种镶嵌关系。这种关系是皮层反映客观事物的印迹，是记忆和认识过程的基础。可以想象，在对图片或实物短短几秒的注视，却引起长达几十秒甚至一百几十秒钟的时相交替活动，不可能是无意义的、浪费精力的活动。

总之，后像群的定型化现象是大脑反映事物的最基础的方法之一。它通过皮层一定空间的兴奋与抑制的交错状态，反映静态实体；并通过这种交错状态的变化，反映动态实体。

第五节　诱导后像

在第一章第三节"后像的变形"中提到，当后像消失后，如果立即让光线穿过眼皮，并调节光线的强度，可以使已消失的后像得到恢复，并达到相当清楚的程度。现在这一节将讨论当后像消失的时间太长，用上述方法已不能使原后像得到恢复的时候，仍可用另一种方法使这种后像再得到恢复。这种方法就是在原后像对称的位置上或原后像的附近，再造成一个新后像，由此引出所谓"诱导后像"的概念。

【试验】

光源：无罩小煤油灯。

刺激物：小煤油灯的火焰（直射型）与眼睛距离 20 厘米。

注视点：火焰中心暗心的中央。

在视野左上方（于纬线 20° 与经线 135° 的交点处），造成一个后像。当后像完全消失之后，这里说的"完全消失"是指：不仅在遮断光源的条件下不再产生后像的感觉，而且让光线通过眼睑，并调节光线的大小。那么，无论这个量是大是小，都不再出现后像的痕迹了。

同时，再在原有的对称的位置上（相当于纬线 20° 与经线 45° 的交点），"制造"出一个相同的后像。当这个后像出现时，原来已经消失的后像这时又在对称的位置上（纬线 20°、经线 135° 交点上）被诱导出来，虽然鲜明程度比原先或者比新形成的后像要暗淡得多，但是有明显的感觉，而后像的边缘也十分清楚。

当以上两个后像同时消失后 10 分钟，即第二个后像消失 10 分钟后，这时不管用什么方法都不能发觉两个后像的痕迹。如果再在左上方原来第一个后像的位置上，造成原来的后像；那么当这个后像生成后，又会在它对称的位置上诱导出已消失的第二个后像来。把这种已消失的后像在该条件下的恢复称诱导后像。

以上的试验如果用单眼分别观察两个对称位置的后像，即用左眼观察左上方的后像，用右眼观察右上方的后像，这和用双眼观察的效果相同。如果第一个后像造成后，再等到它完全消失，第二个后像的造成不是在其对称的位置，而是在第一个后像的对称位置附近，也能产生诱导后像，但离对称位置越远，效果越不显著。如果第二个后像的位置远离第一个后像的对称位置，但离第一个后像的位置较近时，也能产生诱导后像，而且距离越近，效果越显著。

为什么已经完全消失的后像又被诱导出来呢？由于大脑皮层在构造和机能上都是对称的，因而在大脑对称的位置上容易出现相同的神经过程。正如想象一个 45° 的角时，它会出现一个完全没有想象过的 135° 角的后像一样。第一个后像虽然在感觉上完全消失，但它的痕迹并未完全消失，而是处于阈下状态的。在造成第二个后像的注视过程中，一部分散射的光线射入网膜的第一后像位置及其四周，并传到大脑皮层的相应位置，这时会造成已经感觉上消失了的后像的痕迹又得到恢复。正如后像初消失时，弱光进入眼皮，可以促使后像的再现一样。但单纯的这种加强不足以引起后像的感觉由阈下向阈上的变化。因为在造成第二个后像之前，已经让适量光线进入眼睑，而不能唤起后像的再生，也就是还不能引起后像和它四周的明显的兴奋与抑制的对比变化。当遮断光源后，体验第二个后像时第一个后像才出现。这时第二个后像和它四周的兴奋与抑制的对比关系，将在和它对称的大脑皮层部位产生同样活动的趋势。于是第一个后像——已经完全消失的后像又出现了。当然，单纯靠这种对称关系是不足以造成对称后像的。因为在不事先造成第一个后像的条件下，单纯的造成第二个后像，并不会在这个后像的对称位置上有新后像出现。

总之，使已经消失的对称后像再现，必须同时具备三个条件。一是第一个后像的痕迹并未完全消失，处于阈下的感觉（虽然在主观感觉上已经消失了）。二是在造成第二个后像时的注视过程中，曾有散射光线进入眼睛并传入视皮层，从而加强了尚未完全消失的第一个后像的痕迹，或者也加强了这个后像和它四周的兴奋和抑制的对比关系，但还未能造成由阈下感觉变为阈上感觉。三是第二个后像的生成，影响了和它的位置对称的视皮层活动。这三个条件同时起作用，使已经在感觉上消失的后像发生了由阈下感觉到阈上感觉的变化。

如果在造成第二个后像时，其位置不在第一个后像的对称位置上，而在第一个后像的附近，则当第二个后像出现时，也可以同时看到已经消失的第一个后像的再次出现。当第二个后像出现时，由于同时诱导，在它的四周出现广泛的抑制区，这个区域将包括已经消失的第一个后像区。正由于这种抑制，第一个后像残存的兴奋被诱导出来，并产生了明显的后像和它四周的兴奋与抑制对比关系，于是这个已消失的后像又变为可以感觉到的后像了。这和对称性诱导后像没有什么本质的不同，也是三个条件在起作用。一是第一个后像的痕迹并未完全消失。二是在造成第二个后像的注视过程加强了第一个后像的痕迹。三是第二个后像四周的抑制过程，对第一个后像微弱的兴奋痕迹起了诱导作用。看来这里的第三个条件也适用于对称性诱导后像，即第二个后像四周的抑制性影响也会扩散到它的皮层的对称位置上。

在对称性诱导后像中遇到使消灭的后像再现的问题。在第一章中所提到的情况是后像在感觉上并未完全消失，或者只在某一阶段暂时消失。在这种情况下，只要让部分光线进入眼皮，就可以使已消失的后像再现，或促成处于潜伏期状态的后像再现。但当后像完全消失时，虽然仍有微弱的痕迹，让光线进入眼皮这种方法，在这时已不发生作用。但对于后像区的普遍抑制过程却发生了作用，一定的抑制过程可以把微弱的兴奋痕迹诱导出来。正诱导在后像的颜色同化作用中提到，当中间圈由诱导化色变为同化色的现象，但如果中间圈很窄，它会首先出现同化色，然后在后像趋于朦胧状态时，才出现诱导化色。同化色的出现表示中间圈的后像完全消失，而以后诱导化色的出现则表示已消失的后像又出现了（不管它是什么颜色）。而诱导化色的出现又是在朦胧期，也就是后像趋于抑制时出现的。这不是抑制过程又把已经消失的中间圈微弱痕迹重新诱导出来了吗？何况诱导化色的本身，就是内外圈对中间圈的诱导影响呢！这不是微弱的视痕迹可以通过抑制过程而被诱导出来吗？

消失的后像又被诱导出来，意味着遗忘的东西再次进入意识中，是通过诱导作用被诱导出来的。也就是提取记忆材料的方法就是通过诱导来进行的，使处于抑制状态的记忆材料解除抑制，复现识记时的皮层活动。

1970年9月某日夜里，本人在睡觉前熄灯时无意中注视了电灯的灯丝。经过很长时间，灯丝的后像消失后。曾注视一个正在燃着的纸烟头，3~5秒形成了一个明显的、但没有诱导线的烟头后像。但在平常情况下，这样一种微弱的光是不能造成后像的。灯丝的后像消失时产生的内抑制，使在微弱光线下形成的阈下后像变为阈上后像，这实质上就是原位置上的诱导后像。从这个例子看，可以这样理解：弱光所造成的皮层兴奋性非常微弱，不能造成同时性诱导，也就不能生成后像和它周围的明显对比。但已经存在的抑制，却有利于形成这种对比关系，也就是原来由于同时性诱导而促成的后像四周的抑制过程，由已存在的抑制过程代替了自身同时性诱导而产生的抑制过程。

有研究证明已疲劳的右手的工作能力，在主动休息以后（即右手休息左手工作）恢复得比较完全。主动休息后的皮层活动和对称性诱导后像极为相似，可能出现与对称性诱导后像相似的皮层活动。

第六节　交变后像与视知觉

在后像群中，视野中心部分的后像落在中央窝，传到视皮层枕极所形成的后像最清晰，离枕极越远的后像越不清晰。造成一定清晰程度的后像所需要的光刺激越强，且需要越长的注视时间，后像的时相周期也越长。在视野边缘部分，几乎在任何条件下，都得不到清晰的后像。有研究者认为刺激物离中央窝越远则反应时间越长。

由于刺激图片在视野中的位置不同，后像的清晰程度和发展周期也不同，这不能单纯地看作起因于视网膜，应该说光刺激传递至视皮层时，离枕极越远，反应时间越长，周期也越长。

在观察许多等距离排列的图片组时，可以看到视野中心的后像与视野边缘的后像处于相反的时相状态中。如果视野中心的后像为正时相，那么视野边缘的后像则为负时相，二者中间的后像则为正负时相的各种过渡形态，称这种现象为后像群周期的不等时现象。

在黑色背景中观察等距离排列的圆形白色图片组，图片直径为 1.5 厘米，共 21 个。每 7 个为 1 小组，每个小组中央有 1 个图片。其余 6 个围绕中央图片呈圆形排列，3 个组呈上、中、下排列，有 2 个图片在中央图片的正上和正下方，各图片间的距离为 3 毫米。各小组正下和正上方的相邻图片间的距离也是 3 毫米（图 3-10a）。注视标记点为中间小组中央图片的圆心。

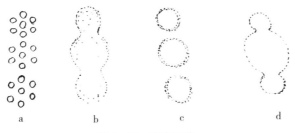

a　　　　　　b　　　　　　c　　　　　　d

图 3-10　交变后像

注：a 为图片组的排列；b 为第一次融合后的形态（中间部分较大）；c 为第一次分离后的形态（中间小组较大）；d 为第二次融合后的形态（向中间集中，上下两小组呈酵母芽状）。

在长时间的注视下，时而感觉这些图片为自上而下的直线排列形式，时而又感觉它们是 3 个小组圆形排列的形式。在心理学上常称之为交变图形。

在遮断光源后，后像进入朦胧期之后，各后像融合后又分离，分离后又融合（图 3-10b、图 3-10c、图 3-10d），这种融合又分离的变化和注视期间的圆形交变感觉在周期上是一致的。

在注视图片期间，时而在三组圆形排列图形的两侧出现黑影，时而又从暗中变亮。

图片的反射光线不时地射入视网膜，并传入视皮层而形成后像（应该说是没有觉察到的后像或视痕迹）。"后像"形成后便按它自己的发展规律向前发展。并在这个发展过程中，由于光线源源不断地射入视网膜的固定位置，而这个位置仍是原先接收图片反射光的那个位置。这便不断地产生重叠后像。并按重叠后像的发展规律，继续向前发展。

由于同化作用，三组后像群在时间和空间上逐渐发生以中间一组后像群为主导的、一致的时相变化。于是三组后像群便产生一致的正负时相的交替往返，这就是在注视期间，时而变暗、时而变明的实质。

后像的这种时相交替现象难道不能影响视知觉吗？那么为什么时相交替的周期为 4.5~5 秒，而视知觉的这种明暗交替也是这个周期呢？很明显三组后像群为正时相时，它的周围是暗的，当它转换为负时相时，它的周围又变亮了。

与上述现象同时发生了视知觉的另一周期性变化，即时而看成直线排列，时而又看成三组圆形排列。当注视初期，由于上下两组远离中间一组，而发生不等时性现象。这种现象需要经过一定的时间（因各种情况的不同，时间有长有短），才能达到统一的时相状态。在这一段时间内并不发生视知觉的周期性变化。在达到统一时相的初期，先是上下两组之内发生小圆后像的融合过程，但三组圆的时相步调尚未统一，中间一组为负时相，上下两组为正时相，这说明中间一组对上下两组产生负诱导。这时在图片的组成上为三组圆形的知觉占优势。当后像的变化继续向前发展，融合过程出现于整个三组圆形时，图形的直线排列知觉占优势。当融合后的后像再度断裂为三组圆形时，三组圆形排列知觉占优势。其他交变图形都可以用同样的理由加以解释。对那些疲劳、厌烦等概念，当然比解释现象更为繁杂。

在知觉心理学中有一条规律："在距离上排列相近的因素，容易结合为一组"。为什么呢？这很容易从后像现象中找到答案。如果接近的因素指的是距离，则距离近的后像容易产生融合现象，且融合点正是距离最近的点。如果接近的因素是指颜色，则接近的颜色容易发生融合，也容易相互同化。所以知觉心理学中的这一条规律，其本身就是后像的规律，是后像的规律在支配着心理学的规律，而不是相反。所以后像甚至觉察不到的视痕迹（也包括各种内外信号在皮层中留下的痕迹）都在十分广阔的范围内影响着甚至支配着知觉现象。

所谓附加刺激物（照亮）的二相特性，可以想象为在于经过短时间的照亮之后，在枕极与其边缘发生着不等时现象。当枕极处于正时相状态时，其边缘处于负时相状态，于是出现边缘感受性的降低。在经过一定时间之后，时相转换，枕极为负时相状态。而其边缘为正时相状态，这就会出现边缘感受性的增高。所谓感受性的降低与增高，不管是边缘视觉还是中央视觉，绝不是单独地依赖于视皮层中央及其边缘，更不必说视网膜的中央窝及其边缘了。而是皮层接受附加刺激时，在其当时的特定机能状态下，引起皮层及其边缘发生什么样的两种神经过程的对比关系及其转化。当这种对比关系及其转化有利于感受性发生由阈下向阈上变化时，就是感受性的增高；反之，当这种对比关系及其转化不利于感受性由阈下向阈上变化，或者有利于由阈上向阈下变化时，就是感受性的降低。但在不同时刻，皮层的机能状态是在不停地发生变化的，正如在后像中所看到的那样，因而也就会出现不同的时刻，感受性发生着不同的变化。这里并不否认视网膜在这一现象中可能发生的作用，但作为一个分析器的前哨来讲，它在感受性这个大前提下，不可能起着决定性的作用，至多是由于它的不同反应，引起大脑皮层的不同相应信号反应，致使感受性发生相应的变化。至于分析器的终末，也不是核心只管核心，外围只管外围，而是作为一个统一体在相互影响下起作用的，或者说是在两种神经过程的强度对比关系中显示其作用的。这是后像中经常发生的现象，但其意义绝不限于后像。

如果人们用主观想象试图阻止上述交变现象，比如说当交变图形为凸出的知觉时，人们用很大主观努力想象它不是凸出的而是凹入的，一般是很少成功的。也就是说，尽管想象它是凹入的，但所出现的知觉仍是凸出的。但也有时由于这种主观的想象，会出现一段短暂的、无立体感的恍惚状态，浮动两下之后又恢复原知觉状态——凸出的知觉。这说明想象对于知觉的方向不是毫无作用，而是有某种不见成效的作用。但也可能在长期练习下，它会把不见成效变为可见成效。

最后从图3-10看，当后像的活动中心在中间一组圆形后像群的中央时，活动中心能把大量的兴奋过程吸引到自己这方面来，以扩大后像群的面积，而且随着后像过程的发展越来越明显。这难道不是一种信息加工，这可以认为是兴奋区与抑制区消失的形式。

有这样一个失知觉症患者的例子，病人对交变图形不引起交变现象，交变现象是时相现象在知觉中的反映。而时相现象以同时性诱导为基础，在这个基础上继而产生继时性诱导，于是出现时相交替现象，而产生同时性诱导的前提，或者产生足够大的同时诱导的前提，是在皮层产生与之相应的兴奋灶的结构，其最大特点是出现成对的正负诱导线，使兴奋过程局限在特定的由诱导线所包围的圈内，然后过一定时间之后，才在这个基础上产生继时性诱导。

反过来考虑病人的情况："混淆形与基础，前景与后景，视野不稳定、模糊，有时看不清，不能一眼即明……"，这说明病人由视觉刺激而产生的兴奋过程是微弱的，没有明显的诱导线，完全和后像中的朦胧状态一样，病人"看过的东西一瞬即逝，视痕迹维持的时间极短，而且极容易为新的想象所产生的临时兴奋灶所抑制……"。病人视痕迹之所以微弱，源于视皮层不出现适宜的兴奋结构，也就不产生同时和继时诱导，也就没有时相现象，这样对于交变图形就不产生交变现象。

大脑皮层是一个庞大的神经细胞组织，不同区域有着不同的细胞结构，每个区域都有它的核心部分与外围部分。那么不等时性现象只发生在视皮层吗？在视皮层中不等时现象在时相交换中逐渐趋于统一的时相。在其他皮层中没有吗？所谓节律同化，是不是同一现象呢？这都是值得进一步研究的。

第七节　后像群中的同化作用

一、空间性同化作用

把 19 个直径 2 厘米的圆形白色图片排列成 5 行，第一、第二、第三、第四、第五行分别为 3 个、4 个、5 个、4 个、3 个图片，各图片相间排列，使整个后像群呈六边形（图 3-11），外圈 12 个，中圈 6 个，中心 1 个，其中 1 号、2 号、3 号、4 号图片为错位图片，试验时进行错位用。3 号同时为置换图片，试验时被特制图片所置换。

第一轮试验：把置换图片 3 换为较小直径（1.5 厘米）的图片，并使其圆心重合，取得暗适应。开灯，注视标记点（重心）10 秒，关灯，体验后像，休息 10 分钟。

第二轮试验：把置换图片 3 换为较大直径（2.5 厘米）的图片，圆心重合，取得暗适应。开灯，注视标记点（重心）10 秒，关灯，体验后像，休

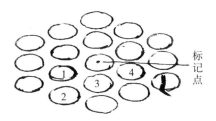

图 3-11 呈六边形排列的后像群

息 10 分钟。

第三轮试验：将 4 个错位图片轻轻地或上或下、或左或右推动，再取暗适应，注视标记点 10 秒，关灯体验后像。

试验结果：

第一轮试验置换图片的后像较小，但时相每转换一次，后像便增大一些，直至变得和周围后像大小一致为止。

第二轮试验置换图片的后像较大，但时相每转换一次，后像便缩小一些，直至变得和周围后像大小一致为止。

当错位图片经轻微移动而错位时，其后像的位置也发生相应的错位。但时相每转换一次，后像的错位就变得小一些，直到在位置上和不发生错位时相近为止。

以上现象可以归结为按一定关系排列的等大小、等距离的白色图片组，如果其少数图片在大小或距离上发生不太大的变化时，它们的后像将在时相交替的进程中，会逐渐趋于等大小、等距离的规则排列。

上述试验结果是在后像群中有少数后像在大小和距离上不太规则造成的，但其最终命运是变得和绝大多数后像一样（在大小和距离上），好像它们为大多数的后像的大小或相对位置所同化。由于这种同化发生在空间关系上，以后称之为空间性同化作用。这里的同化二字只取其表面意义，是为了简化名称。

后向群的空间性同化作用是一种特殊的挤压现象。当置换图片为较小图片时，它四周的空间就变得大了一些，其所形成的后像四周的空间也较大。根据后像群的挤压现象，在正时相中期，后像群中各后像发生扩大和挤压的现象，在发生这种现象时是兴奋过程扩散的力量大于抑制过程相应的力量。在被置换图片位置上的较小后像在时相交替中，比较容易向四周扩散，但仍由于有诱导线的束缚，还不能在下一时相交替中扩大到和其他后像相等的程度。但在经过若干次时相交替的反复后，兴奋和抑制的力量都在减弱，特别是在两种神经过程集中的诱导线上，因为此诱导线对后像区兴奋过程扩散的束缚力，在时相交替中一次比一次减弱，于是较小后像的扩散变得更为有利，直到它变得和其他后像大小一致时为止。

当置换图片换为较大图片时，情况恰恰相反，它的四周的空间变小了，所以结果和上述结果相反。

空间性同化作用是不是由后像群的挤压现象造成的呢？按理，这种挤压现象应当发生在正时相中期，这是后像兴奋过程的扩散力量随着正时相的发展逐渐大于抑制集中的作用。因此置换位置上的较小后像四周有较大的空间，扩散的阻力就小。相反地，在这个位置上的较大后像四周有较小的空间，扩散的阻力就大，正时相中后期，诱导线趋于崩溃，这阻力就趋于消失。这样看来，一种和挤压现象相同的力量在时相交替中，把形状变大的后像又被压缩回去了。所以不规范的后像在时相交替中被逐渐同化。

错位图片发生错位时，和上述两种情况一样，当一个图片向左移动时，那么左边相邻图片的距离变小了，而右边相邻图片的距离增大了。当图片向上移动时，则上面和相邻图片的距离缩小，下面和相邻图片的距离就增大。所以在时相交替中，诱导线的束缚力变得越来越小时，无形的力学平衡将把后像"推"到较规则的位置上，虽然达到这一过程之后，后像本体也就奄奄一息了，但不能因此就否定这一后像的规律。

二、时相性同化作用

【试验1】

以长方形（2厘米×3厘米）黑色纸片遮盖图3左半部全部图片，注视标记点5秒，再将遮盖纸片遮盖图片的右半部全部图片，注视标记点5秒，然后关灯，体验后像。

结果：左右两半部后像同时出现，成一个完整的图形后像，并同时消失。

【试验2】

如果把呈六边形排列的图片中间一组圆形从中间剪开，使中间5个圆形都分成左右两个半圆形图片，中间隔开1~2毫米（图3-12）。

试验1时，左半部图片由于注视开始的时间晚5秒，按理其后像出现的

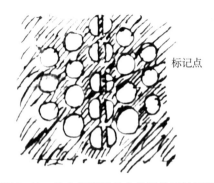

标记点

图3-12　从中间剪开呈六边形排列的图片

时间也应该晚5秒。但实际上它提前出现了，此后左右两半部后像便处于不一致的时相状态中，但在多次时相交替中，时相状态逐渐统一，最后对称轴上的后像先是最中间一个图片后像的两半个融合成一个后像。继而上下各图片的半圆后像全部融合为一个后像，最后各后像如同第一轮试验那样，同时消失。

在遮断光源后第一个5秒末，右半部的后像先出现，左半部为潜伏期阶段。第二个5秒末，右半部进入负时相，左半部进入正时相，但没有右半部的正时相那么亮，而且这个时相经历的时间也略长，相反地，右半部负时相经历的时间略短。在以后多次时相交替中，左右两半部后像的时相关系逐渐统一，并按两个后像同时出现的情况下发生融合现象。

按照一般的后像发展规律来推断，从注视标记点起，第一个5秒内，左半部图片被遮盖隐藏于黑色背景中，而右半部处于注视阶段。第二个5秒末，由于遮盖板换位置，使右半部停止了光刺激，从而左半部处于注视阶段，并且右半部由于停止了光刺激，而左半部在伴有光刺激的条件下进入后像的潜伏期阶段。再过5秒即第三个5秒（遮断光源后第一个5秒）左半部应处于潜伏期阶段，而右半部应进入正时相。再过5秒（第四个5秒，遮断光源后第二个5秒）左半部应由潜伏期过渡到正时相，右半部应由正时相进入负时相。如果是这样，左右两半部应该始终处于相反的时相状态中，同时右半部由于先注视了5秒，其后像应该先消失5秒。

从前面的试验结果看上述推断是错误的，左右两半部后像作为一个整体是同时出现、同时消失。

从注视起第一个5秒内，对称轴上的图片右半部的左侧靠近对称轴的部分，由于黑纸片的遮盖，有一明确的界线。同理第二个 5 秒内，对称轴上的图片左半部的右侧也有明确界线。但这两条对称轴的线是左右重合的。第三个 5 秒光源已经遮断，右半部由潜伏期进入正时相，而左半部处于潜伏期阶段。这时右半部左侧在遮盖板的边线以内为正诱导线，边线以外为负诱导线的位置。而这个位置正是左半部右侧在酝酿中的正诱导线。同理，右半部左侧的正诱导线位置上是左半部右侧正在酝酿中的负诱导线的位置。由于兴奋过程和抑制过程不能在同一区域内同时存在，而兴奋过程集中的正诱导线当然更不会和抑制过程集中的负诱导线同时共存。这样中央对称轴上的诱导线不得不自动取消，于是兴奋过程从右侧扩散到左侧，取消了左半部的潜伏期，直接进入正时相，从而呈现出一个完整的后像，这好像左半部的时相被右半部所同化（这里同化二字仍指表面意义）。这种现象称时相性同化作用。

回顾一下第三章第二节"后像的重叠"，当图片做偏心旋转时，重叠和非重叠后像之间无明显的诱导线，也应包含上述理由。

在试验 2 中则是另一种情况。由于左右两半图片中间相隔 1～2 毫米，如图 3-12 所示，其后像诱导线不被取消。两半部分后像区的神经过程不能相互自由扩散。但奇怪的是，两半部后像的最终命运，差不多和前一试验是一样的。即先取得时相的统一，最后融合成一个后像，并同时消失。只是经历了一个很复杂的过程才达到它们的最终命运。

试验 2 中，在右半部后像处于正时相时，它的四周为抑制区，而尚未出现的左半部后像则处于这个抑制区中。这时左半部后像处于潜伏期阶段，它也是一种抑制状态，于是这两种抑制在左半部后像区发生重叠，加深了这一区域的抑制过程，从而使它的潜伏期加长，直到右半部后像度过了潜伏期转入正时相时，左半部后像区的抑制性影响还未完全消失，所以它的正时相没有右半部后像在初出现正时相时那么亮。这是右半部后像对左半部后像产生的抑制性后作用的结果。总之，在遮断光源后的第一个 5 秒内，只出现右半部后像，同时左半部潜伏期由于右半部后像同时诱导的抑制影响而延长。

在遮断光源第二个 5 秒内，左半部后像由潜伏期进入正时相，右半部后像由朦胧期进入负时相。这时左半部后像对右半部后像产生负诱导作用，而右半部后像对左半部后像发生正诱导作用。于是左右两半个后像的时相状态互相加强。右半部负时相，左半部正时相出现得晚一点，按后像自然进程，正时相结束时间也要晚一点，这就是左半部正时相延长。这个延长的正时相又使右半部后像的朦胧期缩短，正时相延长。于是左右两半部后像同时进入正时相，暂时由不统一的时相变为统一的时相。这是遮断光源后第二个 5 秒所发生的情况。总起来说，右半部后像朦胧期缩短，正时相提前出现；左半部后像正时相延长，于是左右两半部后像有了统一的时相状态。

在第三个 5 秒内，左半部后像首先进入朦胧期，于是统一的时相状态又归于破坏。这时右半部后像的正时相阶段尚未结束，但已经是正时相的中期。特别是第三个 5 秒经历了两个时相之后，其诱导性影响大为减弱，随后左半部后像进入负时相，右半部后像进入朦胧期。左半部后像的诱导性影响使右半部的朦胧期缩短，提前出现负时相。而左半部的负时相阶段尚未结束，于是第二次出现统一的时相状态。

在第三个 5 秒末，左半部后像进入负时相末期，右半部后像进入负时相中期。这时视痕迹微弱，同时诱导也是微弱的。按理右半部后像应该再经过一个负时相阶段才能进入潜伏期，但由于左右两半部后像的融合，神经过程自融合部位自由扩散，致使二者在周期变化上的步调完全一致。从而取消了右半部后像的最后一个负时相。

第四个 5 秒，左右两半部后像进入共同的朦胧期，又分别进入统一的正时相，最后两个正时相后像融合，并继续进入共同的朦胧期。

从第三个 5 秒末到第四个 5 秒末，时相状态是完全统一的。在达到这个完全统一之前，发生一个短暂的统一过程（正时相的统一）。

总起来说左右两半部后像始终是相互影响的，致使两方在每一时刻都或多或少地失去自己的原来面貌。

试验 1 和试验 2 的最终结果都是取得了时相状态的同一。达到统一的过程中，前者是立即的，后者是缓慢迂曲的，前者是通过神经过程的直接扩散达到的，后者是通过诱导过程达到的，但最后还得在融合后通过直接扩散。

时相性同化作用也是一种特殊的空间性同化作用。它是皮层一定空间的活动影响其临近空间的活动。而临近空间活动又反过来对这一定空间的活动产生影响。但在表现上为时相状态由不统一变为统一。

三、后像颜色的同化作用

【第一轮试验】

刺激图片是由不同颜色的三个同心圆组成，分外圈、中圈和内圈三部分。外圈的外半径和内半径分别为 2.5 厘米和 1.5 厘米，中间的外半径和内半径分别为 1.5 厘米和 1 厘米，内圈的半径为 1 厘米。

试验时开灯，注视圆心标记点 10 秒，关灯，体验后像的颜色变化。刺激图片的内外圈同色，中圈黑色。每观察一种图片之后休息 10 分钟。

试验结果如表 3-1 所示。本试验不使用灰色，因为用灰色时，使一定量白色的光线反射到视网膜，传到视皮层，迫使视皮层进行反应，会使受试者对反应的分析复杂化。

表 3-1　初级同化作用

序号	刺激图片的颜色			正时相前期的后像颜色			正时相后期的统一颜色
	外圈	中圈	内圈	外圈	中圈	内圈	
1	红	黑	红	绿	红	绿	绿
2	橙	黑	橙	蓝	橙	蓝	蓝
3	黄	黑	黄	紫	黄	紫	紫
4	绿	黑	绿	红	绿	红	红
5	青	黑	青	黄绿	青	黄绿	黄绿
6	蓝	黑	蓝	紫红	蓝绿	紫红	紫红
7	紫	黑	紫	蓝绿	紫	蓝绿	蓝绿

不论哪一种颜色的图片，其后像在正时相后期，中间圈逐渐变窄，最后外、中、内三圈变为统一的颜色。在外圈后像之外有一共同的诱导圈，它的颜色和中圈的后像颜色一样，只是在亮度和饱和度上要小得多。

在正时相后期，各圈变为统一颜色的过程是在中间圈的某一弧形地带（图 3-13a）首先变为三圈的统一颜色，以后这个弧形地带扩大，向两端做弧状伸展，由短弧变为长弧（图 3-13b）。弧的中间比两端略宽，颜色更鲜明一些，以后这个弧状地带继续扩大，最后合围，形成统一颜色。

图 3-13　同化色的生成

从表 3-1 看，正时相前期，内外圈的后像颜色都是图片内外圈颜色的补色或接近其补色，这和同时颜色对比非常相近。所不同的是前者出现于后像中，后者出现于现实刺激之下。

刺激图片中的中间黑色圈和背景同色，可以粗略地看作无刺激地带。它们在后像中呈现相同的颜色（内外圈后像颜色的补色或接近其补色），只是中圈的后像颜色较背景的后像颜色（主要是诱导圈的颜色）在亮度和饱和度上要大得多。

在亮度上，后像和它四周的明暗感觉为同时诱导现象，其在颜色上的表现也应该是同时诱导现象。那么中间黑色圈所表现的后像颜色，必然也是同时性诱导的产物。中间黑色圈处于内外彩色圈的包围，其反映在皮层空间位置上的关系，也是这种包围的关系。在这种情况下，内外圈后像区对中间圈后像区的诱导力，由于重叠效应将特别显著（内圈＋外圈的诱导）。所以，中圈的后像颜色远比处于外圈之外的诱导圈颜色鲜明。以后简称这种纯由强大诱导作用而出现的后像颜色为诱导化色（这个名词一方面区别于颜色对比中的诱导色，另一方面，由于试验方法和发生的情况不同，也区别于同时对比色，以避免名称上的混淆）。

正时相中后期，中间圈后像变窄，表明在这个时刻，内外圈后像对中间圈后像的抑制性影响（负诱导）是负相关的。那么这和后像群的挤压现象就没有什么不同了。正是在这个时刻中间圈后像的颜色由窄而消失，变为和内外圈后像一样的颜色，也就是诱导化色消失于内外圈的负后像颜色中，好像中间圈的诱导化色被内外圈的负后像颜色所同化，以后称诱导化色变为其邻近的负后像颜色的作用为后像颜色的同化作用过程，称这种颜色（所转变的颜色）为同化色。如刺激图片为红—黑—红（外圈红，中圈黑，内圈红）时，正时相前期后像为绿—红—绿，即中间圈的后像颜色为红色，内外圈后像颜色为绿色。这个红色就是诱导化色（是由内外的绿色负后像颜色经同时诱导而成的）。在正时相后期，这个在中间圈位置上的诱导化色（红色）变为绿色（同化色），但这时内外圈的后像颜色还是绿色，这个绿色是图片红色内外圈的负后像颜色，而不是同化色，虽然它们都是绿色。

同化色的生成发源于中间圈的某一弧形地带，表明由正时相前期到后期，由同时诱导过渡到继时诱导时，首先在这个弧形地带出现这种过渡，然后这个弧形向两端伸展，也就是继时诱导的区域在做弧形扩展。这和无色后像（单后像）中的波状扩散的现象是一个东西。这个弧形地带相当于单后像中激发点的部分，所以同化色是继时诱导的产物。但这时内外圈后像中的继时诱导尚未出现。看来同时诱导强大的地方，继时诱导出现的快而且强大。

当同化色的发展完成后，整个后像变为统一的颜色，这时颜色应作为一种皮层过程来看。中间圈和内外圈的后像区表现为相同的皮层过程，好像前者被后者所同化。

【第二轮试验】

刺激图片：内外圈同色，中间圈换为其他颜色，按组合排列，共42个。

试验结果如表3-2所示。

表3-2　2种颜色图片刺激结果

序号	刺激图片的颜色			正时相前期后像的颜色			正时相后期的统一颜色
	外圈	中圈	内圈	外圈	中圈	内圈	
1	红	橙	红	绿	蓝绿	绿	绿
2	红	黄	红	绿	紫红	绿	绿
3	红	绿	红	绿	红	绿	绿
4	红	青	红	绿	橙	绿	绿
5	红	蓝	红	绿	赭橙	绿	绿
6	红	紫	红	绿	紫红	绿	绿
7	橙	红	橙	深蓝	赭红	深蓝	深蓝
8	橙	黄	橙	深蓝	深紫	深蓝	深蓝
9	橙	绿	橙	深蓝	橘红	深蓝	深蓝
10	橙	青	橙	深蓝	绿	深蓝	深蓝
11	橙	蓝	橙	深蓝	紫红	深蓝	深蓝
12	橙	紫	橙	深蓝	赭红	深蓝	深蓝
13	黄	红	黄	蓝	蓝绿	蓝	深蓝
14	黄	橙	黄	蓝	深蓝	蓝	深蓝
15	黄	绿	黄	蓝	紫	蓝	深蓝
16	黄	青	黄	蓝	深绿	蓝	深蓝
17	黄	蓝	黄	蓝	紫	蓝	深蓝
18	黄	紫	黄	蓝	深蓝	蓝	深蓝
19	绿	红	绿	红	绿	红	红
20	绿	橙	绿	红	紫	红	红
21	绿	黄	绿	红	紫	红	红
22	绿	青	绿	红	紫绿	红	红

（续表）

序号	刺激图片的颜色			正时相前期后像的颜色			正时相后期的统一颜色
	外圈	中圈	内圈	外圈	中圈	内圈	
23	绿	蓝	绿	红	橙红	红	红
24	绿	紫	绿	红	赭绿	红	红
25	青	红	青	黄绿	赭绿	黄绿	黄绿
26	青	橙	青	黄绿	紫蓝	黄绿	黄绿
27	青	绿	青	黄绿	粉红	黄绿	黄绿
28	青	蓝	青	黄绿	紫红	黄绿	黄绿
29	青	紫	青	黄绿	赭绿	黄绿	黄绿
30	蓝	红	蓝	紫红	蓝绿	紫红	紫红
31	蓝	橙	蓝	紫红	深绿	紫红	紫红
32	蓝	黄	蓝	紫红	深绿	紫红	紫红
33	蓝	绿	蓝	紫红	赭红	紫红	紫红
34	蓝	青	蓝	紫红	绿	紫红	紫红
35	蓝	紫	蓝	紫红	蓝绿	紫红	紫红
36	紫	红	紫	蓝绿	紫绿	蓝绿	蓝绿
37	紫	橙	紫	蓝绿	深紫	蓝绿	蓝绿
38	紫	黄	紫	蓝绿	深紫	蓝绿	蓝绿
39	紫	绿	紫	蓝绿	紫红	蓝绿	蓝绿
40	紫	青	紫	蓝绿	紫绿	蓝绿	蓝绿
41	紫	蓝	紫	蓝绿	紫红	蓝绿	蓝绿

如果刺激图片的 3 个同心圆颜色各不相同，其后像的颜色变化如表 3-3（由于组合数目过大，列举少数）。

表 3-3　3 种颜色图片刺激结果

序号	刺激图片的颜色			正时相前期后像的颜色			正时相后期的统一颜色
	外圈	中圈	内圈	外圈	中圈	内圈	
1	红	绿	黄	绿	大红	蓝	红橙
2	红	黄	绿	绿	赭绿	红	红绿
3	红	青	紫	绿	赭绿	深绿	红
4	黄	青	蓝	蓝	赭绿	紫红	橙
5	绿	红	黄	红	赭绿	蓝	暗绿

（续表）

序号	刺激图片的颜色			正时相前期后像的颜色			正时相后期的统一颜色
	外圈	中圈	内圈	外圈	中圈	内圈	
6	绿	黄	蓝	红	蓝绿	紫红	黄绿
7	绿	橙	青	红	淡赭绿	黄绿	蓝绿
8	蓝	黄	红	紫红	淡赭绿	绿	橙
9	橙	红	青	深蓝	浅蓝绿	粉红	
10	蓝	橙	绿	紫红	深蓝绿	红	

通过表3-2可以看出正时相时，内外圈的后像颜色大体为刺激图片该部分颜色的负后像颜色，特别是外圈、中间圈的后像颜色，并不完全是该圈的负后像颜色，而是这个颜色又加入了内外圈负后像颜色的诱导化色。当刺激图片为红—蓝—红时，其后像的正时相颜色为绿—橙—暗绿。红色的负后像为绿色，因而内外圈的颜色就是这两圈图片颜色的负后像颜色或接近其负后像颜色。但中间圈并非如此，其后像颜色不是蓝色的负后像颜色的金黄色，而是橙色。这个橙色便是金黄色又加入了一定成分的红色的结果。也就是图片中间圈蓝色在表现其负后像颜色金黄色时，又混入了内外圈负后像颜色绿色的诱导化色——红色，也就是这个金黄色在被内外圈双重诱导之下"红化"了。于是由金黄色变为橙色。同理图片为紫—绿—紫时。其后像颜色不是蓝绿—红—蓝绿，而是蓝绿—紫红—蓝绿。这里中间圈的后像颜色便是绿色的负后像颜色红色，混入内外圈负后像颜色蓝绿色的诱导化色紫色，使红色变为紫红色。

表3-3的情况和表3-2的情况一样，不过更复杂一些。如刺激图片为黄—蓝—红时，后像颜色为蓝—紫红—绿。后像的外圈颜色蓝色为图片外圈颜色黄色的负后像颜色，后像内圈的颜色绿色为图片内圈颜色红色的负后像颜色，也就是后像内外圈的颜色都是图片内外圈颜色的负后像颜色。而中间圈的后像颜色紫红色同样是图片中间圈颜色蓝色的负后像颜色，但这个负后像颜色紫红色实际上仍是图片外圈黄色的负后像颜色蓝色的诱导化色紫红色，也混入中间圈后像颜色紫红色中，二者颜色恰好一致。同时，图片内圈红色的负后像颜色绿色的诱导化色红色也混入中间圈负后像颜色紫红色中。因而中间圈后像颜色紫红色是三种颜色的混合色。图片中间圈颜色蓝色的负后像颜色紫红色；图片外圈黄色的负后像颜色蓝色的诱导化色紫红色；图片

内圈红色的负后像颜色绿色的诱导化色红色，即紫红色+紫红色+红色＝紫红色。又如图片为红—黄—绿时，其后像颜色为绿—红绿—红。后像的内外圈颜色都是图片内外圈颜色的负后像颜色。中间圈的后像颜色赭绿为三种颜色的混合色：外圈后像颜色绿色的诱导化色红色；中圈的负后像颜色蓝色；内圈后像颜色红色的诱导化色绿色。即红色+蓝色+绿色＝红绿色。

将表3-1、表3-2、表3-3的规律概括如下（都指正时相）。

（1）外圈的后像颜色为图片外圈颜色的负后像颜色。

（2）内圈的后像颜色以图片内圈颜色的负后像颜色为主。

（3）中圈的后像颜色为以下三种颜色的混合色。外圈后像颜色的诱导化色，图片中圈颜色的负后像颜色（在黑色背景下图片中圈也为黑色时，此项缺失），内圈后像颜色的诱导化色。

在刺激图片中，外圈面积最大，中圈次之，内圈最小。因而，在同样照度下进行试验，后像区的相应区域，其神经过程的强度也应该是这个次序。因为按条件反射研究所确定的规律是在一定范围内，皮层总是对强刺激起强反应。内圈虽然面积最小，但其后像区处于枕极中心，同时其各皮层点是集中的，而外圈和中圈多少是分散的。这样就多少补偿了一些面积小的不利条件。

在后像颜色表现上，外圈始终表现为自己的负后像颜色，说明它受中圈和内圈的影响极小，而内圈除去表现为自己的负后像颜色外，多少受外圈和中圈的影响。如表3-2刺激图片为红—蓝—红时，其后像颜色为绿—橙—暗绿。在图片中内外圈都是红色，而在后像中并不都是绿色，内圈为暗绿色，很明显这个暗绿色是受中圈影响的结果。按以上的规律指导，内圈的负后像颜色的绿色，必然混入一定成分的中圈后像颜色的诱导化色，即中圈后像的橙的诱导化色为深蓝。在内圈负后像颜色的绿色中混入一定成分的深蓝，使绿色变暗而成暗绿色。这样看来，严格地说各圈之间都在相互影响，只是影响的大小不同罢了，这种影响就是相互诱导（同时诱导）的结果。

现在再返回来看一看同化作用。当刺激图片为红—黑—红时，其后像颜色为绿—红—绿。这个中间圈的红色是由内外圈的绿色诱导而成，但以后这个红色消失使后像变为统一的绿色，也就是中间圈的后像由红色变为绿色，即出现了同化色。这个同化色是由红色的继时性诱导而成的，不过这个继时性诱导比内外圈后像颜色的继时性诱导出现得早。中间圈的后像颜色纯粹由同时性诱导而来，因为这个图片的黑色地带相对来说是没有光线刺激的，它本身不应该产生任何颜色。而内外圈的后像颜色是从直接光刺激下产生的，因而它们在神经过程的强弱关系上是大大不同的。由诱导而产生的颜色，就其皮层的兴奋强度来讲，必然要弱得多，也就必然提前一步走向抑制，使继时性诱导首先出现，同化色的出现是继时性诱导的结果。

如果在刺激图片上增大内外圈的面积，同时缩小中间圈的面积，那么在后像颜色的表现上，中间圈所混入的内外圈后像颜色的诱导化色就多一些。很明显在这种情况下，内外圈的强烈的诱导力量使中间圈混入更多的诱导化色。如果中间圈的面积继续缩小，小到只有1~2个毫米宽（内圈半径为1.4厘米，外圈内外半径分别为1.5~1.6厘米和2.5厘米），则中间圈自身负后像颜色就消失不见了，只出现内外圈颜色的负后像颜色。如红—黄—红图片的后像颜色，不是绿—蓝—绿（这里的蓝即中间圈的负后像颜色），也不是绿—紫—绿（这里的紫即由上述规律推导的颜色，即中间圈的负后像颜色蓝色加入内外圈后像颜色的诱导化色——红色），而是整个后像为统一的绿色。中间圈由不应该是绿色的颜色转变为绿色，就是同化。显然这里同化色的产生已经不是继时性诱导了。由于中间圈只有1~2毫米宽，其诱导线几乎没有存在的地方，内外圈后像区的兴奋流可以穿过这一狭窄地区自由扩散，致使后像成为统一的颜色。但这个统一只是暂时的。三圈皮层区在经过若干秒的注视后，毕竟会产生不同的兴奋基础。当内外圈皮层区的神经过程发展到一定程度之后，其兴奋过程在逐步减弱，这时已经到了正时相的末期，这时中间圈的颜色才显示出来。其颜色不是蓝色，也不是紫色，而是红色。它是绿色的诱导化色，可见内外圈皮层区即使在这个时期仍对中间圈发生诱导作用，这说明这种双重的诱导力量是十分强大的。

如果增大刺激图片中间圈的面积，缩小内外圈的面积，那么在后像中，中间圈的颜色表现上将以自身的负后像颜色为主，混入少量的内外圈负后像颜色的诱导化。而内外圈的负后像颜色反而加入较多的中间圈负后像颜色的诱导化色。例如，内圈半径为0.2厘米，外圈内外半径分别为2.3厘米和2.5厘米，由红—蓝—红组成的同心圆，则正时相时后像的颜色为蓝绿—金黄—蓝绿，这里中间圈的后像颜色已不是原来的橙色了，而是其自身（蓝色）的负后像颜色——金黄色。内外圈的后像颜色不是原来的绿色而是蓝绿色，也就是红色的负后像颜色——绿色，混入了大量的金黄色的诱导化色——深蓝色，并且在这种情况下，同化色不是绿色，而是金黄色。也就是同化作用的进行不是以内外圈为主，而是以中间圈为主。由此可见，面积在同化作用中的影响是很大的，大面积皮层所表现的神经过程总是同化它周围的小面积活动着的皮层过程。

如果相邻两圈的颜色相近时，那么同化作用的进行，总是先在相近颜色的两圈进行，以面积大的一方为主。如表3-2刺激图片为红—橙—红时，中间圈后像存在的时间极短，很快地由绿—蓝绿—绿变为统一的绿色后像。表3-3的橙—红—青图片，后像先是深蓝—蓝绿—粉红，其后很快外圈和中圈融合变为蓝绿色，成为蓝绿—粉红色的同心圆。

以上是由3个同心圆所组成的图片的后像颜色相互影响的情况。在这种情况下，中间圈受内外圈的包围，容易产生诱导化影响。但同心圆图片三部分的分散和集中的程度不同，其所处的皮层部位在重要性上不完全一样。

用3个在分散和集中的程度上完全一致、其所占皮层空间位置的重要性上也完全一致的图片做试验。

刺激图片：3个120°扇形有颜色图片，做圆形排列，边与边的距离为3毫米（图3-14），与眼睛距离20厘米，标记点在3个扇形顶点中心。背景为黑色。

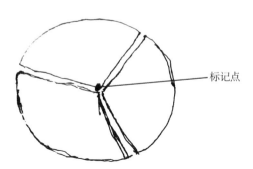

图3-14　3个120°扇形图片圆形排列

按上—右—左的顺序位置命名图片，如上方为红色扇形，右方黄色扇形，左方为绿色扇形，称为红—黄—绿图片。

以青白—青蓝—红图片为例，后像出现时，上方青白色扇形的后像为红色，右边青蓝色扇形的后像为暗红色，左边红色扇形的后像为绿色。7秒之后，上方的后像与右方的后像首先融合为红色，这个红色比右方初形成的暗红色后像更鲜明一些，比上方的红色后像略暗。这说明融合后的颜色为融合前两个后像的混合色。

青白色的负后像颜色接近于橙黄色，青蓝色的负后像颜色接近于杏黄色，但这两个扇形后像无论在融合前还是融合后，都不表现为自身的负后像颜色。青白色扇形是一种饱和度很小的青色，色彩极淡，青蓝色的色彩也很淡，二者的饱和度都没有红色扇形的红色来得大。这样在同时诱导的影响下，加入了很多红色成分，而其本身的负后像颜色中黄色成分几乎觉察不到。

先后颜色的对比应看成是刚看过的颜色的负后像颜色和现在正看的颜色所产生的混合色或同化色。在后像中同化色的产生是后像自身诱导线消失后，兴奋过程在原来有界限的区域自由扩散的结果。在先后对比中没有固定的诱导线，刚看到过的颜色的负后像颜色便和现实刺激的颜色直接混合而成同化色。例如，在先后对比中有三种情况出现橙色：刚看过绿色之后再看黄色；刚看过蓝色之后再看红色；刚看过紫色之后再看黄色。在第一种情况下，刚看过绿色后，便产生绿色的负后像颜色——红色，于是这种红色便和现实刺激的黄色混合而为橙色。在第二种情况下，刚看过的蓝色所产生的负后像颜色——黄色，便与现实刺激的红色混合而为橙色。在第三种情况下，刚看过紫色的负后像颜色——杏黄色和现实刺激的红色混合为橙色，其他的所有先后对比都可以这样解释。

施瓦列夫认为看见的颜色不但决定于眼睛、刺激物的特点，而且决定于感知对象的复杂理解过程①。他所举的事例中，可以归结为一点：所感知的颜色和所理解的物体的颜色，在感知过程中以不同的比例混合起来了，用后像的术语就是互相同化了。所感知的颜色是现实物体的颜色产生的，所理解的物体颜色是由现实性物形刺激，通过联想产生的，也就是过去在这方面经验的再现所产生的。这两种颜色在平常的情况下是相同的，但在特殊情况下也可以不完全相同。如果不完全相同，二者会在视皮层中互相同化，成为二者的混合色。他所列举的例子中，两种颜色都是比较接近的。地毯的暗褐色和暗红色变为水泥地上影子的淡蓝灰色；小车的红色变为灌木丛枯叶的暗褐色；紫色头巾变为黄褐色头巾；大米的白色变为微黄的马铃薯黄色等。另外作者没有指出当事人当时的生理状态，推测应该是处于抑制状态的弥漫性抑制，或由于过于专心而引起的局部诱导性抑制。正是这种抑制状态才有利于同化作用的进行。正像在后像中诱导化色变为同化色是在前者处于朦胧状态下变成的一样。

---

① 鲁宾斯坦，等，1958. 知觉心理学研究［M］. 王铎安，译. 北京：科学出版社。

四、同化现象的意义

从后像的同化现象中可以看到，视皮层在接受内外感受信号时，不单纯是视网膜在视皮层投影区引起的机械活动，而是在不同条件下，后像区的活动在时间、空间及性质方面都受到其他后像区的同时和继时活动的影响，这和用条件反射方法所确定的大量事实相符。

研究者在"在条件光信号的各种不同强度下，人类节律定形的特点"中注意到当强信号节律性刺激后，如果用弱刺激代替轮到的强信号，则不发生主观感觉①。这不是和同化色的产生一样，也和空间性的同化现象一样。由3个同心圆组成的颜色图片，如果中间圈很窄，内外圈同色，那么中间圈在后像中就不出现自己的负后像颜色，而出现内外圈的负后像颜色。这里内外圈的颜色相当于强刺激，中间圈的颜色相当于弱刺激。中间圈不出现自己的负后像颜色，说明这个弱刺激没有什么影响，而出现的却是同化色，即内外圈的负后像颜色，也就是其反应和强刺激一样。在空间性同化现象中，规则的图片群中有少数几个在大小和位置上不甚规则的图片，在后像的发展过程中，后像渐渐趋于规律化。这里大多数规则的图片是强刺激，少数不规则的图片是弱刺激，同样是弱刺激表现为强刺激的效果。

当弱信号落在接收强信号的皮层点上或其附近，在机能上接收强信号的皮层点将同化接收弱信号的皮层点。或者再全面一点说，强信号有利于一定条件下，产生一定的皮层镶嵌结构（也就是条件联系的皮层结构）以及这种结构的再生。而在这种结构已经形成或正在形成时，弱信号起同样的作用。问题并不在于强信号或弱信号单独起什么作用，而是在接受刺激时整个皮层的活动情况，也就是它处于什么样的镶嵌结构下，这种结构对信号本身单独作用下的结果产生什么影响。

研究者在对犬进行大脑皮层镶嵌结构的试验时，对犬皮肤上9个等距离点，进行阴性与阳性相间的刺激，某些点却因而自动获得了条件信号的意义。这可以理解为空间性同化现象。当皮层点相间地与一定意义的阴性或阳性活动相联系时，各点便由于外界动因而产生了镶嵌结构。在这个结构中，兴奋与抑制是相间排列的，各占一定区域。对于那个没有进行试验的皮层

---

① 巴甫洛夫高级神经活动杂志译丛编辑委员会，1958. 巴甫洛夫高级神经活动杂志译丛：第八专辑［M］. 北京：人民卫生出版社。

点，通过同时诱导成为和其相邻两点成相反神经过程的点。当一个皮层点被
两个有着相反神经过程的点包围的时候，这种诱导作用特别强大。正像在 3
个同心圆后像中所见的那样，当内外圈同色时，对中间圈的诱导作用特别强
大。这样，每个镶嵌点的神经过程的扩散都受到它相邻两点的限制，并因此
而使神经过程局限在一特定区域内而互相加强。这些特定区域代表着 9 个皮
肤刺激点在大脑皮层的投影区，由经常练习而引起的皮层镶嵌结构的定型
化，产生了所谓自动联系现象。所谓自动"接通"也应该是同一机理，只
不过是定型化的造成是发生在日常活动中，并为日常生活所巩固。

空间性同化现象、时相性同化与颜色同化现象，都发生在后像发展过程
中的一个阶段，但其意义绝不限于某一阶段。后像的发展过程只是一种痕迹
过程，各阶段对后像本身来说，也只有相对的意义。在正负时相交替中，有
一个朦胧阶段，最初它可以长达 3.5~4.5 秒。但随着长期的观察练习，这
个阶段就缩短到甚至不到半秒钟，有时甚至觉察不到它的存在。正负时相最
初各占 1~1.5 秒，但随着常年练习，负时相常缩短到一晃而过。既然各阶
段不是死板的，出现在各阶段的现象也就不会是死板的。

同化作用在声音的和谐与不和谐上起着十分重要的作用（不和谐音有
提高和谐音的和声效果的作用）。

在条件反射中，如果弱光和强光结合，可以增强前者的作用，为什么不
把它看成是皮层过程的同化现象呢？声音和皮肤电刺激相结合，改变了强化
作用的性质。这个强化作用为防御刺激这一特点，在程度上变弱了。同时获
得了定向反射兴奋者的特性。声音和皮肤电刺激在结合前，后者引起防御反
射，前者引起定向反射。结合后，二者相互同化，使皮肤电刺激获得了一定
程度的定向反射特点，同时防御反射减弱了。

在声音和皮肤电刺激相结合时，原先由皮肤电刺激引起的防御反射皮层
镶嵌结构，由于经常的结合而加入了一个新的、由听觉中枢生成的兴奋灶。
这时相互诱导可以使每种刺激都产生由听觉中枢加入的新镶嵌结构的生成。
这时声音和皮肤电刺激都不是结合前的那种刺激物了，它们都统筹在一个新
的镶嵌结构之下进行活动。对于防御反射来讲，声音是条件刺激；对于定向
反射来讲，皮肤电刺激也是条件刺激。镶嵌结构是皮层的机能性结构，所谓
同化就是在这种共同机能性结构下引起的效果。

在条件反射的泛化作用下，也许是和同化作用具有同一皮层过程的两种
表现，泛化作用表现为未曾用过的相近刺激物引起的效果和经常使用的刺激

物相同。空间性同化、时相性同化和颜色同化都是由相近的刺激物产生的效果相同的反应。

第八节　后像中的抽象—概括与分析—综合

为了对试验结果进行分析方便，以上各章节的试验都是尽量以最简单的图片作刺激图片，现已对一些简单图片的后像积累了一些规律，可以在这个基础上分析较复杂的后像现象了。

用红金纸烟盒有"红金"二字的一面作刺激图片，在图片的正中做一标记点，放于黑色背景中，在室内直射阳光下（阳光从玻璃射入），注视标记点若干秒体验后像。

注视 15 秒后遮断光源，5 秒之后潜伏期完结，出现和图片大小相等的暗绿色后像。再过 5~7 秒，即第一次朦胧期内，"红金"二字的后像开始出现。字体本身的后像颜色为红色，字体后像的边缘为暗红色。字体的后像存在不久便消失，整个图片的后像又变为统一颜色的暗绿色后像。

如果注视时间加长为 30 秒，上述现象更清晰。遮断光源后 10 秒左右，即第一次朦胧期内，"红金"二字的后像出现时，颜色为黄色，黄色边缘为红色，随后红色部分向里侵蚀，黄色部分变窄，最后消失。于是字体后像由黄变红，字体后像的边缘为暗红色。在注视 15 秒的情况下，字体后像不表现黄色。再过 5 秒进入第二次朦胧期，图片中黄色的小字"中国烟草公司出品"的后像隐约出现，其后像颜色为红色。在注视 15 秒的情况下，黄色小字的后像不出现。

图片上两个较大的字"红金"是白色的，它比字体周围的红色亮度要大一些。但由于它们所占面积和面积的比率要小得多，故不能成为主要刺激物。黄色小字"中国烟草公司出品"虽然小字数目较多，亮度比其周围的红色要大，但字体本身的面积和它对周围的面积比率比"红金"二字还小。故图片可以大体上看成是由三种强弱不同的刺激物组成的复合刺激物。其强的成分为占面积最大的红色部分，次强成分为白色的"红金"二字，弱成分为黄色小字。

在颜色的同化作用（第三章第七节）中提到，如果三个同心圆有色图片，内外圈同色，中间圈面积极小时，则中间圈的后像将首先出现同化色，即中间圈并不呈现自己的负后像颜色，其表现的颜色却与内外圈负后像的颜色相同。所以，红金纸烟盒的后像其最初的统一绿色，正是图片红色部分的负后像颜色。而对于图片上两种大小不同的字体来说，不表现为自身的负后像颜色，而是表现为和字体周围无区别的绿色，即同化色。由于同化作用（从现象看）或诱导作用（从机里看），使接受两种大小字体刺激的皮层区域，和接受红色刺激的广大区域有着相同的机能表现。

在时相转换时，由于内抑制的发展，占面积较小的两种字体的后像才被这种抑制诱导出来（正诱导）。"红金"二字在图片上为白色，其后像为红色。这个红色可以看作是绿色部分诱导化色，也可以看作是白色的负后像颜色（白色图片在黑色背景中，在强光下经常出现红色或带有红色色调的后像，故红色后像可近似地看作是白色的负后像颜色）。在第二次朦胧期出现的黄色小字的后像，其颜色不是自己的负后像颜色——紫色，而是绿色的诱导化色——红色。这正和三色同心圆图片中间圈极窄时，同化色消失时所出现的诱导化色一样，同样说明图片中的狭窄部分在朦胧期中，当内抑制发展到一定程度时，其视痕迹又被诱导出来了。

现在比较一下图片的红色部分对两种大小不同字体的影响。较大的字体"红金"的后像是在第一次朦胧期出现的，其后像颜色是由黄变红的，是白色图片在强光下的黑色背景中出现的典型现象。所以，可以把"红金"二字的后像颜色完全看成是白色的负后像颜色，而黄色小字的后像是在第二次朦胧期出现的，而字迹的后像颜色为红色，不是它的负后像颜色——紫色。显然这是一个面积比率的问题，也就是字迹后像内外两种神经活动力量对比的问题。当红色部分的绿色后像区内抑制发展到一定程度时，首先解除抑制的是较大字迹的后像区，使它们以自己的负后像颜色表现出来。而这时抑制性影响对较小的黄色字体的后像区仍起作用，只是在第二次朦胧期时，这种影响才消失或减弱。即使在这时，其诱导性影响仍然很大，致使字体的后像颜色成为绿色部分的诱导化色，即由广大的绿色部分诱导而成的颜色。显然两种神经过程在两个区域的力量对比，在不同的阶段是不同的。

在这个试验中，刺激图片绝大部分为红色，大小两种字体所占面积和面积的比率都非常小，而且处于广大红色区域的包围中（另外，图片边缘的土黄色线条所占面积与总面积的占比很小，而且处于边远地位，对试验的结果影响不大）。所以概括地说，如果整个图片为红色，而图片的后像除去第一次、第二次朦胧期暂时出现短时的大小字体后像外，后像的全体在后像存在的绝大部分时间中表现为一致的暗绿色后像。因而概括地说，刺激图片的后像为暗绿色，这和人们平常所说的概括作用是相当的。这里的后像作为一种视痕迹，难道就不能反映现实吗？但它并非像照相一样反映客观世界，而是以概括的形式反映世界的。这种现象应称为后像中的概括作用。

巴甫洛夫学派把"动物对复合刺激和其中单独的强刺激引起同样反应"这一现象看作是皮层的综合机能。如果把这种综合机能和后像中的概括作用加以比较，将得出一种极为相似的结果。

刺激图片中的红色部分可以看作强刺激物，"红金"二字看作复合刺激物中的次强成分，黄色小字看作复合刺激物中的弱成分，对图片这一复合刺激物所引起的反应（所生成的后像）和单纯强刺激物（大小、色调相同的红色图片），所生成的后像大约相同（都是和图片等大小的绿色后像），这不正是巴甫洛夫学派所谓的"皮层综合机能"吗？而这种综合机能正是作者所称的概括作用。这里用概括的概念比用综合概念更符合其本身的意义。

如果消去复合刺激物中的弱成分，对强刺激物的作用也发生影响（这一点在后像中无对照现象，但可以把原刺激图片和与它同等大小的全部红色图片所产生的两种后像加以比较，只是在色调上略有不同，前者为暗绿色，后者为绿色）。巴甫洛夫把这种现象看作融合现象，这种融合现象在后像中能十分清楚地看到（虽然产生后像的刺激图片各复合成分作用于同一分析器内，在皮层空间位置上是极端靠近的，而条件反射所用的复合刺激常是作用于不同的分析器中，但仍然是可以比较的）。在后像中所看到的融合是在后像发展的一定阶段上，而且是往返交替地融合后再分离，分离后又融合。在这个试验中（自然也包括所有的融合现象），弱刺激的效果被强刺激所同化，表现为全体后像呈现统一的绿色，在这种情况下，出现了暂时的统一，这种统一就叫作概括。

概括究竟是怎样来的呢？它是把弱成分和次强成分统统地抽掉，它们作为一种非本质的东西而被抽掉了，只保留一种本质的东西——复合刺激物中的强成分，以这个强成分的效果来代替复合刺激的效果，这就是我们平常所说的抽象概念。因而在这个意义上，概括就是抽象的结果。离开抽象只能是照相式地反映客观世界，而无法真正地概括。综上，在抽象之后，必然进入概括。以后简称这一过程为抽象—概括过程，或简称抽象—概括，这是信息加工的另一种形式。

更细致一点说，抽象的开始并不是简单地、机械地抽掉非本质的东西，而是经过相互同化之后（在这里以强刺激同化弱刺激为主），通过融合现象而被抽象。这时图片的后像呈现为统一的暗绿色，这个暗绿色中是红色的（强刺激成分）负后像颜色混入少量字迹的和边缘土黄色线条的负后像颜色而成的混合色。在颜色混合的过程中，也就是在融合的过程中，次强成分和弱成分的效果经同化作用而被抽掉了，更确切地说是被吞并了。因而，概括就不是单纯地抽掉非本质的东西，而是按复合刺激中强弱不同的比率混合后，非本质的东西自然而然地被抽掉，才达到统一的概括。所以，在这个意义上，复合刺激物中的弱成分或次强成分又没有被抽掉或没有完全被抽掉，而概括也就不是单纯以强成分的效果来代替复合刺激的效果。

抽象—概括过程是认识过程的一个步骤，一个最初呈现的步骤。复合刺激物中的次强成分和弱成分在后像呈现的初期被抽掉之后，在后像发展到一定阶段，又会依次重现；如上例所举的"红金"二字和"中国烟草公司出品"小字的后像。于是在概括中曾被强成分所抑制或同化的次强成分和弱成分，又在全部复合成分中，依原有的地位和大体上原有的大小和位置显现出来，也就是组成复合刺激物中的各成分又从合体中分出来，这不是我们平常所说的分析吗？这时强成分对次强成分和弱成分的抑制性影响被解除了，于是抽象还原了，概括解体了，致使曾被抽掉的非本质的东西又在它原来的位置上呈现出来。

抽象—还原—概括—解体的过程，不是一下子达到的。首先还原的是复合刺激物中的次强成分，其具体表现是两个较大的字"红金"首先显现出来，时间是在第一次朦胧期。其次，才是弱成分的还原，表现为黄色小字的出现，时间是在第二次朦胧期。这意味着第一次朦胧期先产生粗糙的分析，当粗糙的分析完成之后，才进行精细的分析。这个结果和条件反射所确定的事实完全一致。

抽象—概括过程是分析的前导过程，没有抽象—概括，就没有一个总的轮廓。从来没有舍去全局的分析，否则分析活动就漫无目标。在进行分析之前，首先要确定什么是整体，这就需要把这个整体的东西从它的背景中区分出来。当整体确定了，再进一步确定组成这个整体的各个组成部分。当我们着眼于整体时，整体的一切组成部分都是次要的，整体本身才是主要的。但整体是由各组成部分组成的，作为复合刺激物，整体是由各组成部分作为强弱不等的刺激物复合而成。除去这些组成部分后也就没有什么整体了。因而，整体这个概念的存在还是抽象—概括的产物。后像就是把强刺激物突出为主体，由此概括而成的一种近似于"原形"的东西。如果背景也作为一种刺激物的话，它之所以能出现，是由于把它的背景抽掉了。实际上，背景这个刺激物是和组成整体各成分的刺激物合并成的一个庞大的复合刺激物。如果作为观察对象的整体，各组成成分都是十分微弱的刺激物，它将在第一次的抽象—概括中被抽掉。结果这个整体将被概括为零，所以只有这个整体在背景中有足够大的地位时，它才能从背景中区分出来，但这时它已经开始进入分析过程。

整体是由各组成部分强弱不等的刺激物组成的。当把其中的强成分拿出来，以这个成分为主时，其他部分都是次要的。这些次要的部分都将在第一次抽象—概括中被抽掉，成为在上述试验中出现统一的暗绿色后像。这个抽象—概括的结果告诉人们，所观察的对象大体上是一个红色的东西。同时它又告诉人们，对象作为一个整体，它的组成部分主要的是红色，它占有整体的绝大部分位置。把所取的黑色背景粗略地作为不存在的刺激物，这就是分析的第一步。如果把这个整体放在任何一个颜色的背景中，它的后像颜色都会在色调上发生一些变化，只是大小位置不发生变化，这又说明人们所观察的对象，是从一定的背景中区分出来的。为什么这不应该叫作分析呢？如果人们的观察是在很弱的光线下进行的，同时注视时间又很短，后像的发展将到此为止，也就是图片上字体的后像不再出现了，因而抽象—概括的过程也到此为止。如果观察是在强光且注视时间又长的条件下进行的，则后像继续向前发展，于是"红金"二字的后像出现了，这时作为次强成分的"红金"二字被区分出来作为主要刺激物，它外面广大的红色部分退居为背景的地位，成为一个大背景中的小背景。而作为强成分的红色，便由直接参与表演的"演员"退居为"导演"。作为弱成分的黄色小字，这时仍处于潜伏状态，仍然被抑制着。所以当"红金"二字的后像出现时，作为强成分的红色部分和作为弱成分的黄色小字，都被作为非本质的东西而被抽掉了，只是抽象的方法有所不同，抽象的结果必然是达到概括。这个概括或结论就是抽象—概括活动的结果。它告诉人们在红色小背景中有白色的"红金"二字，但同时这又是分析的结果，是把次强成分拿出来进行分析的结果。最后当后像继续发展下去，弱成分又显现出来，黄色小字的后像出现了。这时强成分和次强成分都退居在背景的地位，但它们并没有消失，它们又作为非本质的东西而被抽掉了。这是第三次抽象—概括。它告诉人们在有白色字体的红色小背景中，有若干黄色小字，这又是以黄色小字为主，把它拿出来进行的分析。当然这个分析在后像的表现中是多少被歪曲了的。在后像中反映出来的是：红色背景中有若干绿色小字——"中国烟草公司出品"。因为这些小字在后像中表现为红色，但把这些小字放大成和"红金"二字一样大时，这个歪曲就可以矫正，这时字迹的后像不是红色而是蓝色。

通过以上分析，可以说对于每个组成成分的分析，就是把这个组成成分提高到主要刺激的地位，其他组成成分作为非本质的东西而被抽掉，从而达到概括。因为这个概括就是经分析产生的结论，所以分析本身就是一个抽象—概括的过程。整体含有几个组成部分，就有几个这样的抽象—概括过程。

当弱成分的后像出现的时候，所有强成分、次强成分的后像都同时呈现出来，这又很像是综合现象。分析总是由粗糙的分析进入精细的分析，而综合也跟随着由粗糙的综合进入精细的综合。在后像的表现上，是先出现暗绿色方形后像，有"红金"二字的红色后像，然后在这个基础上又添加一些"中国烟草公司出品"的红色后像。那么，综合来说就等于是几个层次分析的结果，依原有的位置、大小、色调等重新组合起来。

反过来从头到尾看一看，在后像中所出现的东西。最初是视觉暂留阶段，它以照相的方式把客观事物毫不遗留地保存在视痕迹中。以后当这些痕迹消失的时候，经过一段时间，出现统一的后像。它以概括的形式来表示图片的形状和颜色。以后这一概括又发展成为人们所说的分析的东西，整体的各组成部分又一个一个地出现了。而且先出现的是粗糙的东西，以后才出现精细的东西，这就是分析。最后是这些东西的全面呈现，应称之为综合的东西。这些现象简直就像是一个神经过程发展成为心理活动系统发育的重演过程，一个由简单到复杂、由低级到高级的重演过程。

在上述分析中，遇到了本质和非本质的问题。究竟什么是本质的东西，什么是非本质的东西，在什么条件下来区别它们？为了阐明这个问题，请看下列试验。

【试验】

刺激图片：2厘米×3.5厘米，黄色图片，竖立。上方有一红色圆形图片，直径1.2厘米，圆心P与图片上左右的边缘等距离，为第一标记点。在圆形的下方的黄色部分，有一点Q与P对称，为第二标记点。图片与眼睛的距离15厘米（图3-15）。

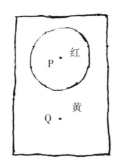

图 3-15　对称点观察

光源：100 瓦电灯，距桌面 50 厘米。

遮光屏：由硬纸板涂黑，通过旋转盘每秒打开 4 次，做闪光形式照射到图片上。注视时间为 1 秒。

当注视 P 点时，形成 P—后像，为一长方形、有统一颜色的深绿色后像。当注视 Q 时，形成 Q—后像，为一同样大小的、有统一颜色的青紫色后像（而不是深绿色）。

当注视标记点 P 时，红色圆形通过视网膜落入枕极的中央位置，虽然红色面积不占绝对优势，但它的位置却是绝对重要的。因而，黄色区域的影响在后像出现的初期首先被抑制，或者同化作用的进行是以红色为主。因为统一的后像颜色为深绿色，即红色的负后像颜色——绿色混入少量的黄色负后像颜色——蓝紫色。这样黄色部分以非本质的东西而被抑制（抽掉）。这便是以红为主的第一种抽象—概括方式。

当注视标记点 Q 时，形成 Q—后像，这时黄色部分落入枕极。同时，由于黄色部分占绝对优势，红色部分在后像出现的初期首先被抑制。同化作用是以黄色部分为主而进行的。后像的统一颜色表现为黄色的负后像颜色——蓝紫色混入少量的红色负后像颜色——绿色而成为青紫色。这是第二种抽象—概括方式。

同一刺激图片，由于不同的抽象方式，便产生不同的概括结果。在日常生活中，不是常遇到这种现象吗？当人们对事物的评价在强调某一方面时，和强调另一个不同的方面时，会发生不同的结论，这和以上的试验结果十分相似。但这不等于主观的作用，选取哪一种抽象方式将决定着整个认识过程。当后像发展到分析阶段时，P—后像的统一深绿色，从下方向上方退缩，绿色变为青紫色，直至退缩到圆形的周围为止。于是一个由青紫色长方形包围的绿色圆形的后像出现。如果是 Q—后像，相当于图片上的圆心部分出现绿色，扩大到圆形的边缘为止，最后形成一个青紫色长方形包围的绿色圆形后像。这说明虽然抽象—概括方式不同，但经分析或综合后的结果殊途同归，完全一样。这又是一个非常奇特的现象，难道是巧合吗？

P—后像的概括方式是以红色为主的抽象结果。Q—后像的概括方式是以黄色为主的抽象结果。这里把红色或黄色叫作抽象前提。抽象前提不同，概括的结果也将不同，但最终的结论不会因此而改变。

对于事物进行分类时，总是根据统一分布于对象中的某些特点来进行分类，但统一分布于对象中的特点可以有许多。因而，也就会出现许多种不同的分类方法，也就是抽象前提不同，概括的结果也就不同。当根据颜色进行分类时，颜色就是抽象前提，是主要刺激物。当以形状进行分类时，形状就是抽象前提，是主要刺激物，而其他统一分布对于对象中的特点便是非主要刺激物，以非本质的东西而被抽掉，分类不是这样进行的吗？把颜色从物体中区分出来，把数字从实物中区分出来，不正是以一定的刺激为抽象前提的抽象—概括过程吗？这个作为抽象前提的刺激物，在抽象—概括活动中，反映实体的复合刺激物中，是经常重复的刺激物。绿衣服、绿叶子、绿书包等实物不重复而颜色重复，白鞋、黑鞋、花鞋等实物重复而颜色不重复。经常重复的刺激物，在实体对人们发出的复合刺激中，便构成强成分，在抽象—概括过程中就成为抽象前提。当儿童把马和车划为一类，而不是把马和犬划为一类时，在成人看起来很好笑，但对抽象—概括的规律来讲，它们的意义和成人是一样的：经常出现的刺激物就是主要刺激物。儿童对事物接触得较少，对他们来说马和车是经常在一起出现的，是主要刺激。对于成人，动物能活动，是比车马在一起更经常同时出现的东西。因而能否活动对成人来说是主要刺激物了。因而，强成分、弱成分都是在一定条件下的产物，随着条件的不断变化，复合刺激物成分的强弱也在发生变化，特别是日常生活中经常重复的东西。这一点非常类似于条件反射中的分化练习。

人们所记忆的东西，是日常生活中各种复合刺激物在皮层中留下的痕迹，作为一种信息被加工后储存下来，这些就是心理学中所谓的感觉和知觉的东西。但所有这些都是经过初步抽象—概括甚至分析与综合而成的东西，绝不是照相式的储存物。因而，远在思维活动出现之前，当人们接收信息的时候，就要对它进行加工，只有加工以后的信息，才能作为储存材料。加工的形式是多种多样的，看来抽象—概括过程是一种经常的必经之路。概念的产生便是在这个基础上建立起来的。后像的时相交替、周而复始的活动，是痕迹活动的典型现象，它是一秒一秒地过去的，它所产生的效果也在这个基础上，一秒一秒地巩固着和变化着。

一些心理学家常把抽象、概括、分析、综合作为思维活动现象，但在后像的发展变化中，或者说在痕迹活动中，已经看到了抽象、概括、分析、综合的身影，但它们是完全没有思维活动的，说明它们完全符合抽象、概括、分析、综合本身的特征。现在摆在人们面前的是：或者承认上述的后像现象就是抽象、概括、分析、综合；或者再另外修改它的定义；或者把上述后像现象称为抽象、概括、分析、综合的雏形，称有思维活动的抽象、概括、分析、综合为多级抽象、多级概括、多级分析、多级综合。由此看来，没有思维的抽象、概括、分析、综合和有思维的同样现象都是在同一神经活动的规律下出现的。它们是统一的，也许在它们之间没有什么不可逾越的鸿沟。

目前人们还没有更多的事实和试验来更好地解决上述问题，但上述讨论提出了一条思路，或许在这方面，心理学所研究的那些东西仅仅是一种上层建筑，而这些上层建筑的下面，却会有大量的、非常复杂的基础结构，这种基础结构又对它的上层建筑起着决定性的作用，或者有着不可磨灭的影响。应该让这条思路保持畅通，且不可由于事实尚少而予以关闭。何况事实尚少本身大多是人们在这上面进行的思维和试验太少，并不一定是客观事实本身尚少。而且思维活动的进一步发展很可能就是以上述初步的抽象、概括、分析、综合为基础结构，并以这些基础结构为对象再进行第二级抽象、概括、分析、综合。当这一步完成后，再进行第三级、第四级这样的活动，于是所谓思维便由此而生。

第四章
后像中的光点现象

　　前面章节所叙述和讨论的只是从后像的大小、形态、亮度、颜色等方面着眼，来考虑研究后像在这些方面的变化及其相互关系。

　　如果在体验后像时更细微地感受，就能觉察到后像的内外都是由无数非常小的光点组成的。在后像内外不同的部位，光点的稀疏程度不同，而光点本身又在此明彼暗地闪烁着，并且或慢或快或直或曲地不停运动着，在一定的情况下有着一定的运动方式。本章着重研究这些现象以及这些现象和宏观感觉的联系、规律和原理。

第一节　后像的光点运动

　　后像生成后，在正时相时后像部分是明亮的，它的四周是黑暗的。在集中注意力仔细体验时，会觉察到明亮的部分有非常密集的光点，黑暗部分也有比较稀疏的光点。即使是稀疏的光点也比万里晴空的夜间所看到的银河最亮部分的星星多得多。至于后像的部分，其光点的密集程度比稀疏的光点密集千百倍。而黑暗部分的稀疏光点也比在暗适应条件下视野中的光点密得多。

　　在不同时间，甚至在同一时间、同一区域的光点分布也不是均匀一致的。而光点的分布总是和亮度的宏观感觉是一致的，也就是越亮的地方光点越密集。

潜伏期之后，后像初出现时，后像部分的光点密集，但后像的重心光点更密集。重心密集的光点不断地闪烁，像无数流星从中心向外做抛线形运动，抛射的"流星群"从重心向四周移动，远离重心。于是重心变暗，"流星群"呈环状，并继续远离重心向四周移动，直到后像的边缘为止。在移动的过程中，越远离重心，抛射越弱，当移动到后像边缘时，抛射差不多就停止了，于是这个抛射环就变为正诱导线（图4-1）。

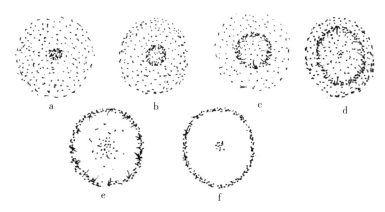

图4-1　正诱导线的形成

注：a~f为密集的光点群向外抛射的发展过程。

以上发展过程是正诱导线形成的过程，也是波状扩散最初情景。当密集的光点抛射环还没有移至边缘时，大约在重心到边缘的一半距离时，变暗的重心又开始明亮起来，这个亮起来的部分也像抛射环一样，光点向外移动进行波状扩散，但已完全觉察不到抛射的现象。

第二节　后像消失后的光点运动

后像消失后，呈现朦胧状态。最初光点的分布大体上是均匀的，光点细小。以后光点像云雾一样慢慢地移动。光点的移动致使光点分布变得不甚均匀了，稀疏的部分像云雾的裂缝，而且常与光点运动的方向平行，特别是在两部分光点群运动方向相反的交界面上（图4-2a）。

以后这些极细小的光点三五成群地聚集，犹如絮状沉淀（图4-2b）。这是后像消失后光点运动中最常见的现象。有时这些光点向一定地点规则地集结，呈现各种状态，如六边形、蜂窝状、鱼鳞状、木纹状、枝叶状及无数花朵腾空飞舞状等（如图4-2c、图4-2d、图4-2e、图4-2f、图4-2g、图4-2h）。而且这种现象在笔者初期研究后像时不断出现，但在后期，这种现象逐渐减少，甚至完全不出现，只停留在云雾状和絮状沉淀这个阶段。

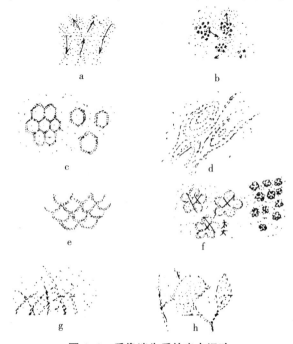

图4-2　后像消失后的光点运动

注：a为云雾状光点；b为絮状沉淀光点；c为六边形及蜂窝状光点；d为木纹状光点；e为鱼鳞状光点；f为花朵状光点；g为树丛状光点；h为枝叶状光点。

第三节　诱导圈光点的定向飞驰

【试验】

刺激图片：青白色圆形图片，直径1厘米。白色圆形图片，直径4厘米。2 个图片边缘相距 2 厘米。

　　背景：黑色。

　　光源：有罩煤油灯。

　　注视点：2 个图片边缘的中点。

　　试验方法：注视 20 秒，遮断光源，体验后像。后像消失后，再注视 20 秒，再遮断光源，再体验后像。

　　在第四次试验中，发现了一个非常奇特的现象。小圆后像诱导圈上的光点风驰电掣般地流向大圆后像的诱导圈。起初，两后像的中心地带是黑暗的，只有非常稀疏的光点（图 4-3a）。当光点流动时，靠近大圆后像一侧的小圆后像诱导圈，其光点飞速流向大圆后像靠近小圆后像一侧的诱导圈。致使两后像中间地带，由于密集光点的流动而变亮（图 4-3b），而大圆后像这一侧的诱导圈，由于接收了小圆后像诱导圈流来的光点而暂时变厚。但很快，变厚的诱导圈中的光点急速地向该诱导圈上下两侧流动，于是大圆诱导圈上下两侧又变厚。而远离小圆后像一侧的大圆后像的诱导圈中的光点反而变得稀疏了一些（图 4-3c）。与此同时，小圆后像远离大圆后像一侧的诱导圈，其光点也飞速向自己的上下两侧流动，以补充流向大圆后像诱导圈的光点。于是这一侧的光点显著变稀，同时两后像中间的光点流由窄变宽。当小圆后像诱导圈中的光点流动得几乎看不见的时候，或者说诱导圈中的光点"流完了"的时候（这是一个非常短的时间），小圆后像突然消失（按一般的情况，这个后像是不应该消失的）。这时大圆后像依然存在，同时，其诱导圈在靠近消失的小圆后像的一侧依然是薄的。其余的部分依然是厚的，特别是上下两侧。但很快光点做反向流动，即光点自诱导圈的上下两侧向靠近小圆后像的一侧流动（图 4-3d）。但这种反向流动是比较缓慢的，不像小圆后像的诱导圈光点流向大圆后像的诱导圈那样快，但比后像自然消失后云雾状光点的流动略快一些。最后当诱导圈中的光点大体上厚薄一致时，光点停止流动（图 4-3e）。

　　这是一次在特殊生理条件下的试验。但笔者相信在摸索到这种特殊条件时，这种现象是能够再次出现的。这种特殊条件就是皮层的适度兴奋状态，以及在这种状态下，两后像痕迹积累达到特定的强度对比。这是笔者研究后像几十年中最特殊的、最宝贵的经历。

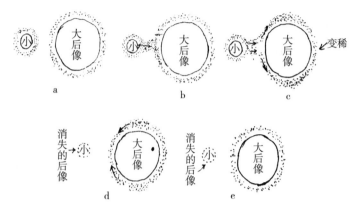

图4-3 光点的流动

注：a为光点未流动；b为光点开始流动；c为光点向上下两侧流动；d为光点的反向流动；e为光点停止流动。

第四节　光点的层次和注视点的光点运动

　　在一般情况下，视野的光点密集，很难区分它们的层次。但当不同层次的光点做不同方向的运动时，就能够比较容易地区分出它们的层次来。

　　1965年春，本人首次见到光点的层次。散步回宿舍后，闭眼片刻，见到下层光点相对静止，中层和上层光点做反向运动，下层光点最薄（或由于它是静止的，难以判定它的厚度），中层最厚，上层较薄（图4-4）。

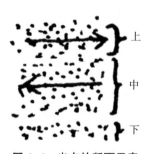

图4-4 光点的断面示意

　　自此之后，光点的层次经常出现，且经常练习后，本人对光点的层次感和光点深度感变得敏锐了一些。

　　后像不管是自然缓慢消失还是自动突然消失，一般总是在消失前上层光点先乱"阵脚"，做云雾运动，使后像模糊。

　　【试验1】

　　某日夜间，笔者体验光点的运动，以极高的注意力来注视光点群落中的特定点。无意中出现了一个光点稀少的黑色圆柱体，位置就在注视点的周围（图4-5a）。把视线移到黑色圆柱体内壁上的一点，以全部精力"用力"注视它，结果经过1~2秒在这个圆柱体内壁的注视点上，出现了一个小的球面凹坑，好像注视是一种"力"，它可以推开一部分光点。

　　这个黑色圆柱体的形成是在视野中央，试验前并没有造成后像，虽然这个区域是经常在试验中产生后像的部位，同时试验前也没有想象有这样或那样的后像。所以这个黑色圆柱体的形成纯粹是由高度的注意力引起。

　　【试验2】

　　在另一次试验中，笔者将注视点选择在光点云雾下面一点（图4-5c），并努力地使注视点向上移动（集中全部意念使注视点缓慢向上移动），云雾状光点在靠近注视点周围的部分便跟随注视点的移动而向上流动（图4-5d）。

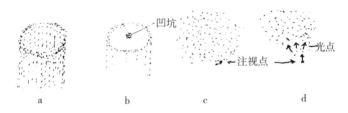

图4-5　光点的层次运动

注：a为试验1中的黑色圆柱体（下部图像不清晰）；b为试验1中注视点出现凹坑；c为试验2中云雾状光点及注视点；d为试验2中注视点移动时的光点运动。

　　由于各种不明的原因，这方面的研究材料十分稀少，有待进一步探究。

第五节 集中想象时的光点运动

在没有光刺激的条件下，不观察图片或实物，能不能单凭想象，使光点群落按一定想象条件集中成一个像后像一样的光点群落呢？本章第四节所述黑色圆柱体与此很接近，对这种光点进行实物的想象，即想象它是某种形状的后像，将其称为"想象后像"。这个所谓的想象后像，在任何条件下都达不到真实后像的清晰程度。即使是最不清楚的真实后像，也比最清楚的想象后像来得更清楚一些。想象后像只能达到勉强可以觉察的程度。

在黑暗条件下，视野中仍有无数小光点在不停地运动着。这时如果想象视野中有一个一定大小的圆圈，但不能想象得太大。因为想象得太大时就不能集中注意力。想象时，部分光点会向注意的地方运动，或做反向运动，远离注意点。但在一般的情况下，当注意力不太集中时，光点先向想象点集中，然后又远离想象点。在高度注意想象点时，如本章第四节所述，光点经常被驱散。

在想象视野中有一个不大的圆圈时，高度集中注意力于圆圈上的一点，并以极慢的速度沿顺时针方向和逆时针方向向这个想象中的圆圈扫描。当扫描一定时间后，一般会在扫描地带出现一个隐约可觉察的暗圈。但这个暗圈在结构上是非常不巩固的。在停止扫描后，它马上就会消失（图4-6）。为了巩固这个想象后像，还需要很长时间扫描，而且扫描得要尽可能准确，扫描圈的大小、位置要一致，即每次扫描轨迹必须是重合的。

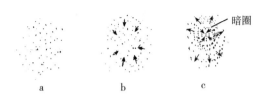

图4-6 想象时光点的运动

注：a为想象前的光点分布；b为想象开始时光点运动方向；c为不断扫描下出现的暗圈。

想象后像必须是十分简单的图形。图形越复杂越难以成功，经常是好像已经成功，即光点已经按想象目标集中或分散，马上就要成为一个想象图形了，但转瞬间又被其他光点所扰乱，或者定向运动的光点又开始做云雾状紊乱运动。在这种情况下，要将想象的扫描活动继续下去，直到稳定的光点结构形成并巩固为止。而在达到巩固之前，经常要经过多次这样的反复，但越有反复就越需要更大的毅力坚持下去，越需要更高度集中的注意力。在这种情况下，受试者经常会出现小而快的呼吸运动。而且经常在这种情况出现之后，想象后像的结构才比较稳定。

某日夜间，笔者想象视野中有一条与水平线呈45°倾斜的直线。当经过反复的努力后，这条想象直线变为隐约可见的了，若干秒后这条直线又突然消失，而出现在与水平线呈135°的位置上。长时间注意下去，它又回到原来的位置上。再间隔若干秒，形成了一个与水平线呈45°与135°的交叉线（图4-7）。

图4-7 直线的后像

注：a为45°直线的想象后像；b为45°直线消失后出现的135°直线；c为45°和135°交叉线。

想象三角形后像没有成功，想象一个角后像是可以成功的。某日夜间，想象一个60°的角后像。当这个角后像成功之后，出现了一个前所未见的层次变化。当60°的想象角后像出现后，角的两边是两条极模糊的黑线，而且越远离顶点越模糊，顶点不是尖角，而是钝圆状。角的内部光点比较密集（图4-8），特别是角的顶点处。

这种形状（图4-9a）停留片刻，在这个角两边黑线的上方出现两条与黑线几乎是重合的浅黑线（图4-9b）。不久，这两条浅黑线开始向外扩张，两条浅黑线以顶点为圆心向相反方向旋转约30°，黑线暂时不动，即上方的浅黑线逆时针旋转约30°，下方的浅黑线顺时针旋转约30°。这样便由浅黑线形成了一个新的约120°角，和原来黑线组成的60°角以同一顶点共存

图 4-8　想象角后像

（图 4-9c）。

　　同时角内部的光点做圆形扩散（图 4-9d），越过黑线达到浅黑线的两边。随后黑线重复浅黑线的旋转运动，结果黑线与浅黑线又重合，彻底变成了一个 120°角（图 4-9e）。之后出现云雾状光点（图 4-9f），光点飘忽而过使整个想象后像解体（图 4-9g）。光点飘忽而过的速度比上述旋转运动和中层光点的圆形扩散进行得快一些。

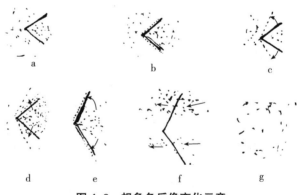

图 4-9　想象角后像变化示意

注：a～g 为想象角后像变化过程。

第六节　光点的颜色和运动形式

一般情况下，无色后像的光点是无色的，有色后像的光点是有色的，但这些现象并不是绝对的。在无色后像中经常有许多橙色光点，特别是注视时间长时，而有色后像也经常出现这种光点，它们的颜色很像温度不太高的火炉所发出的颜色。在有色后像中，宏观感觉为红色时，橙色光点非常多，也夹杂着一些黄色和红色光点。一般的有色后像，由于其光点非常细小，非常密集，特别是颜色感觉好像发自深层，几乎无法判断到底有几种颜色的光点。而红、橙、黄三色光点常在上层浮现。仅就这些现象看，三原色的论点仍有很多没有解决的问题。

光点的运动，除一种螺旋运动外，已在前几节叙述过了，现在总结如下。

第一，注意力集中于一点时，驱散该点附近的光点，光点运动速度最慢，3~5毫米/秒，而且性质不稳定；当注意稍放松一点，光点即向该点回流，集中想象时的光点运动也属于这一类型。

第二，云雾飘游运动。光点运动像云雾的飘游，无固定方向，常发生在后像解体之后，或闭上眼睛让光线穿过眼睑时，运动速度为 10~20 毫米/秒。

第三，云雾飞舞运动。想象后像消失时，上层光点的运动。一般的后像消失时，也有时见到这种运动，运动方向是半定向的。光点的主流向一个方向，但有一些支流或旋涡，运动速度为 40~60 毫米/秒。

第四，抛线运动。强照度下形成后像正时相开始时的抛射运动。每个光点的运动轨迹都为抛线形。许多光点做环状抛射运动，速度为 100~200 毫米/秒。

第五，螺旋运动。后像形成初期，三角形后像尖角消失的过程中，有时见到这种运动，光点从深层向上做螺旋运动，而且越向上旋转半径越大（图 4-10）。运动速度为 100~200 毫米/秒。

第六，定向飞驰运动。光点由一个后像的诱导圈流向另一个后像的诱导圈运动，运动速度为 100~200 毫米/秒。

图 4-10　螺旋运动

从以上情况看，光点的快速运动，多数出现在皮层有比较明显的兴奋与抑制对比状态时，而光点的缓慢运动则相反，多数出现在皮层中没有明显的兴奋与抑制对比状态时。

第七节　关于光点现象原理的探讨

在暗适应条件下，眼睛对非常弱的光源，可以看出光能量的不连续性。在这种条件下，由于视觉的恢复及丘脑网状系统的作用，视皮层视网膜兴奋性的增高，稀疏的光点引起少数杆状细胞的兴奋，通过特殊通路传达到双极细胞、神经节细胞，经外侧膝状体到达枕叶布罗德曼 17 区第三和第四层细胞产生动作电位。

后像或所见光点是视皮层的兴奋痕迹，代表着视皮层部分细胞的兴奋。照亮的地方（后像）光点密集，代表这个地方兴奋的细胞数目最多。后像四周的黑暗区也有稀疏的光点，代表着这个区域也有少数兴奋的细胞，它们也在进行电发放。

光点的运动不管是迅速地抛射、风驰电掣地流动还是缓慢成群地流动都不可能是皮层细胞的运动，也不可能是由视网膜或视皮层血液的运动引起的。因为多数情况下，光点运动是没有固定方向的，而有固定方向的流动，其方向也不是始终不变的，有时它会侧流或转换方向。

光点的不断闪烁代表着神经细胞兴奋与抑制的不断交替，光点的运动代表兴奋的神经元影响着沿一定神经通道的其他神经元按顺序依次发生兴奋的过程，即当一个神经元兴奋时，由轴索传导作用，使另一个或另一些神经元也产生兴奋过程或电发放。而在另一些地方，另一些细胞则产生抑制过程，即与某些细胞有着相反的神经过程。如此反复，二者兼而有之。

如果以上的推测是正确的，那么每个视皮层细胞维持兴奋的时间是有限制的。在后像的正时相时，后像区的细胞并不是一直维持1~2秒的兴奋状态，而是一批细胞维持一个短时间的兴奋状态之后，马上转入抑制状态。同时，原先处于抑制状态的细胞或其中一部分即刻又转入兴奋状态，以接替原来的兴奋细胞。整个过程持续不断，好像在轮流值班。而"值班"的细胞在该时间段内必须维持一定的百分比，否则，仅靠个别细胞短暂的兴奋期，要维持1~2秒的兴奋时间是不可能的。仅从这一点看，大脑皮层庞大的细胞结构是维系后像持续过程的决定性因素。

研究者在"猿猴条件反射电生理研究"中指出："在各种情况下，被检查的神经元群并非处于一致的兴奋或抑制状态。"这给后像的光点现象做了一个很好的说明。它说明正时相时，后像区的神经细胞并非全部处于兴奋状态，而后像区四周的神经细胞也并非全部处于抑制状态，只是二者处于兴奋状态的细胞所占百分比不同。该研究者的研究表明，睡眠时猿猴大脑的视区和中央区的许多皮层神经元仍有很多的电发放。这和后像外的黑暗区仍有许多光点在闪烁一样。

有科学家认为，刺激越强，就有越多的神经成分进入活动状态[1]。这样进入活动状态的神经成分越多，兴奋的细胞所占比例越大。巴甫洛夫所说的最适宜的兴奋，或许就是这个百分比达到一定限制时的情景。而超限抑制可能就是这个百分比超过了最适宜的限度。

光点的层次是否代表着视皮层组织学上的层次还不很清楚。由于光点的密集程度极高，很难分辨更详细的层次去和组织学上的层次加以对照。既然"皮层的不同水平有着不同形式的电活动"，那么不同层次光点活动的性质应该也是不同的。从60°想象角后像的发展看，想象反应似乎首先发生在上层，以后才达到中层和深层。想象开始时，高度集中的注意力首先驱散上层光点，但被驱散的光点时常又返回来，当经过多次这样的努力之后，角的两

[1] 出自巴甫洛夫高级神经活动杂志译丛编辑委员会，1956.巴甫洛夫高级神经活动杂志译丛：第六专辑 [M].北京：人民卫生出版社。

边才由浅变深，才达到相对巩固的状态，这说明上层光点的影响已达到中层和深层。以后当上层浅黑线由60°扩大为120°时，深层黑线也跟随着扩大为120°。而中层虽然也扩大，但只限于填充角内的光点。想象后像消失时，首先从上层开始，而一般的后像也有这种现象。这样看来，上层惰性最少，是"开路先锋"，起带头作用，中层和深层惰性最大，但保持得很好，这里保持的意义应看成是记忆的基础。

幻觉和梦境也是脑细胞活动的结果。是不是也应该有层次呢？如果记忆结构较多地依靠深层细胞，那么当幻觉和梦境活动需要记忆材料时，它们又怎样把这些材料"取出来"呢？幻觉和梦境常是在高度抑制的条件下产生的，是正诱导的作用把记忆材料"取出来"了吗？当材料"取出来"后，上层和中层细胞又起什么作用呢？是跟着深层细胞做同步活动吗？这些都是非常有趣又亟待解决的问题。本人以为，这很有可能是诱导作用把记忆材料"取出来"，使储藏信息的细胞解除抑制，像后像的抑制解除一样。

第八节　光点现象的意义

在本章第三节的试验中，图4-3的全部过程很像一个典型的外抑制现象。尽管它有可能是特殊条件下的特殊现象，但更可能在这个特殊现象中蕴含着更加普遍的意义，特别是联系到后像的结构、后像的残存时间、后像的尖角消失、后像的融合时，就更觉得它具有普遍意义。

在该试验中，大小后像是同时生成的两个兴奋灶。以大后像为主体来讲，它对小后像来说是一个优势灶，它比小后像更亮、更清楚一些。在条件反射的研究中，一个优势灶常会把附近较弱的兴奋过程吸引到自己这方面来，以加强自己的兴奋过程。用什么方法来达到这一点呢？该试验给出了一个十分有趣的答案，作为优势灶的大后像好像有很强的吸引力，把小后像诱导圈中的光点风驰电掣地吸引到自己的诱导圈中，使自己的诱导圈增厚，并且刚好在小后像诱导圈的光点流完之后，小后像马上消失。

从后像的结构看，每个后像的外圈都有一层很厚的诱导圈。在适度大小的后像中，后像越清晰，它的诱导圈也越厚。在后像的结构中曾讨论过诱导圈的作用，它是束缚正负诱导线的，像是不断地给负诱导线注入能量，使它与正诱导线维持对立状态。从而使后像中的兴奋过程不致扩散出来，使其兴奋过程维持较长的时间，进而使时相交替进行较多的次数，从而达到镶嵌关系的巩固。时相转换时，诱导线开始崩溃。其崩溃始于外圈过程，诱导圈向里移动，与负诱导线合并，诱导圈变薄，正诱导线变粗，呈波状，最后消失。从这里看出，在维持兴奋灶的兴奋过程中，诱导圈起着十分重要的作用，优势现象中的优势灶在保持自己的优势作用时，首先从剥夺弱兴奋灶的诱导圈下手。

在后像的残存时间上，大后像总比小后像残存的时间长。相应地，大后像的诱导圈比小后像的诱导圈要厚很多。

在尖角消失现象中，后像尖角部分的诱导圈薄，距诱导线的距离近。因为不管后像是什么形状，诱导圈总是接近于圆形。诱导圈薄的地方，诱导线容易变形，甚至产生局部消失的现象。

在后像的融合过程中，当两个后像接近到一定程度时，两个后像的诱导圈是公共的。在两个后像靠近的地方无诱导圈，使两个后像在这个部位的诱导线容易崩溃，从而使两个后像的兴奋过程在诱导线崩溃部位发生局部扩散，使两个后像融合成一个后像。

以上的现象再次说明在后像的结构和"行为"中，诱导圈扮演着十分重要的角色。那么把上述试验看成具有普遍意义的现象也许是合理的。

人类在一定时间内长期从事一种主要活动，这要求大脑在同一时间保持较少的兴奋灶，当新的强刺激出现时，则必然产生新的、最强的兴奋灶，以显示它才是新的生命活动中的"主角"。于是这个强的兴奋灶抑制了其他兴奋灶。对于其他兴奋灶的抑制来说常称之为外抑制，如果把这种现象和上述试验加以比较，对于小后像这个弱兴奋灶来讲，是由于它的外面有一个强大的兴奋灶，结果小后像的兴奋过程被抑制。这不同样是外抑制吗？如果以大后像为主体来看整个现象，就是优势现象；如果以小后像为主体来看整个现象，那就是外抑制；如果不分主次，优势现象与外抑制就是同一现象。

不管哪一种现象，在后像中都可以观察到光点运动。兴奋灶的特定结构以及它的形成、动摇、破坏、崩溃都有相应的光点运动。由于兴奋灶特定结构的形成，导致特定生理、心理机能的出现。由于这种特定结构的破坏，导致这种特定生理、心理活动的消失。由于原结构破坏后产生新的结构，导致新的生理、心理活动出现，皮层结构不断更新，生理、心理活动也就随之不断变化。

皮层细胞活动的时候，并非全部细胞都处于兴奋状态，也不会全部细胞都处于抑制状态，这一点是非常重要的，只有这样才能出现皮层的特定机能结构。正常的生理、心理活动是在正常的皮层镶嵌结构下出现的，病态的生理、心理活动必定是在病态的皮层镶嵌结构下出现的。它们都应该有相应的"光点"现象。如果精神病患者的皮层中有惰性兴奋灶，整个皮层活动都受它的支配，它是一个高强度的兴奋灶。可以想象在这个兴奋灶的外面不能产生新的兴奋灶或产生足以支配正常生理、心理活动的兴奋灶，如果上述试验真有普遍意义，当新的兴奋灶产生时，其诱导圈的"光点"都将被病理兴奋灶所剥夺。

世界是镶嵌性的。各种物体都有一定的大小、形状、颜色、软硬、气味以及许多其他和周围环境或背景不同的特点，这些特点构成了镶嵌世界。而皮层的镶嵌结构正是用以反映进而掌握镶嵌世界的。应该这样看且只有这样看，才不会发生主观与客观之间的矛盾。光点现象是视皮层特定机能结构的形成或转化过程中神经活动的主观感觉，这里还可以把它还原为大脑神经细胞的电发放，但并非乱发射，而是一定区域的神经在一定的时间内进行着特定的、有秩序的、有先后次序的发放。其实质不在于感觉本身，而在于通过它来反映和掌握镶嵌世界的变化规律。

光点现象仅仅出现在视痕迹的活动中。但在正常视觉中，它应该是处于感觉阈限之下的。光点现象仅出现在视皮层吗？甚至可以想象其他皮层也有类似的无法感觉到的现象，难道只有视皮层得天独厚吗？兴奋灶可以在视皮层形成，同样也可以在其他皮层形成。虽然它们在结构上未必和视皮层的兴奋灶完全一样，但也不排除各皮层的兴奋灶都有统一的结构形式。那么广义的"光点现象"应该是这种结构的反映，而这种结构正是完成一定生理、心理活动所必需的。

知觉、幻觉、梦和想象等生理、心理活动也应该有自己相应的皮层细胞活动结构。这种结构是镶嵌性的，即兴奋与抑制相交错，不断变化，而它们也应该有自己的阈下"光点"活动。

在后像彻底崩溃后，有时会出现云雾状光点，光点缓缓运动，组成木纹状、树丛状、鱼鳞状、窗格状等。这是在十分清醒的状态下，而眼前并没有实物或图面。在遮断光源的黑暗条件，虽然不像看到实物那样逼真，但它们却清清楚楚地出现在眼前。这些内容都是用光点运动形式来表现皮层镶嵌结构的变化。

第五章
从后像的原理看高级神经活动的原理

本章将通过后像现象及其规律，进一步和高级神经活动的原理做比较，找出它们相同和不同的地方，并对高级神经活动的原理进行一次剖析，试图解释后像现象和条件反射之处。

第一节　关于神经过程的扩散与集中

在经典的条件反射研究中，神经过程的扩散与集中是极为普遍的规律。但在后像中，神经过程的扩散与集中现象好像和条件反射中所出现的现象大相径庭。

在条件反射中出现的神经过程的扩散与集中，是神经过程自原出发点向整个大脑半球扩散，经过一定时间之后又向原出发点集中。

在后像中出现的扩散与集中现象有以下几种。

一是在无像阶段，视野一片光明，急速向后像区缩小（集中）至后像的边缘为止，这可以看作兴奋过程的集中，但在集中的速度方面却快得多。

二是波状扩散，以每秒2~4次的速度进行，自后像的重心向外扩散至后像的边缘为止，而不是向整个皮层扩散。而且在扩散的速度上，也比用条件反射方法所确定的快得多。

三是外围现象，是神经过程的集中现象，自广大的黑暗区集中到后像的边缘为止，在速度上与波状扩散相同。

四是在后像的融合中，在融合点上有局部扩散。

五是后像本身在不同的阶段，有时扩大一点，有时缩小一点，但范围极小。

六是朦胧状态时，有扩散倾向，但不是无止境地扩散。

在后像中只见到以上六种情况，这和用条件反射方法所确定的结果有很大的矛盾。怎样解释这种矛盾呢？难道视皮层对于皮层的其他部分是特别的吗？这种想法本身就和用条件反射方法所确定的事实相矛盾。

在研究扩散和集中的问题上，用条件反射的方法，只能在不同的时间内，使刺激落入皮层不同的空间位置上，来检查若干皮层点的活动。但在两个刺激的间隔中，几个皮层点和这些皮层点之间的地带，究竟发生了什么变化，则完全不知道。不论用条件反射方法或用后像方法，所确定的事实是皮层点在机能状态上是极易变动的。当刺激落入某一皮层点产生阳性效果，落入第二个皮层点时产生阴性效果。过一定时间之后，同样的刺激落入第二个皮层点时则产生阳性效果。能不能根据这一点就可以直接推论兴奋过程已经从第一个皮层点扩散到了第二个皮层点呢？

从后像的角度看，当第一个皮层点发生兴奋时，表现为阳性效果。而这个皮层点的四周则产生抑制，如果第二个皮层点刚好处在这个抑制区，那么同样的刺激将引起阴性效果。经过一定时间之后，第一个皮层点将进入负时相，而第二个皮层点将进入正时相，因而同样的刺激物将引起阳性效果。好像神经过程真的从第一个皮层点扩散到了第二个皮层点，而实际上却是一种继时性诱导。以上看法仍显得简单且粗糙。因为目前还没有多少资料来详细论述这个问题，这里仅提供一种可能的思考方向。

后像的扩散与集中代表着神经过程的能量变化过程。这种变化过程在一定的空间范围内以各种各样的形式表现出来。后像活动中心的概念，就是在这个基础上产生的。一个后像形成后，通过波状推进方式自活动中心向四周扩散，以后的各种变化都受活动中心的制约。在这里称之为扩散的东西有着双重的意义。就兴奋过程来说，它是扩散；就抑制过程来说，它又是集中。后像的朦胧状态可以看作二者的平衡状态。

在不同的时间内，神经过程的能量变化有时趋向于集中，有时趋向于扩散。后像的无像阶段有着明显的集中现象。视觉暂留阶段看不到什么扩散和集中的现象，潜伏期阶段也看不到这两种现象。正时相阶段出现兴奋的扩散和抑制的集中，第一次朦胧阶段达到二者的平衡。负时相阶段出现抑制的扩散和兴奋的集中，第二次朦胧阶段时再次达到平衡状态。

应该注意的是，刺激图片所发出的光线刺激，就其各点的强度来讲是一致的。但从后像生成后的反应来看，后像内皮层各点的反应并不一致，总体表现为集中于一点——后像的重心即活动中心。而潜伏期可能代表着这种集中的酝酿阶段。这一现象究竟代表什么意义？还没有什么事实来说明这个问题。从 60°角的想象后像来看，当上层光点扩大为 120°后，中层光点却自角的顶部作圆形扩散。这有可能表示活动中心起源于中层光点。由于这一层光点的活动才使下层光点从 60°角扩大为 120°角。如果这样猜测有普遍意义，那么后像区的皮层活动，从上层向中层传递时，要通过一个能量集中的过程，然后反转过来，使下层发生与上层同样的神经过程；同化作用或许就是这样产生的。因而关于神经过程的扩散和集中问题，不仅表现在皮层面的关系上，同时也应该表现在各组织学层次之间，活动中心这一概念很可能代表着后一种意义。

尖角消失现象是皮层活动能量集中的表现形式之一。重叠后像也是能量集中的一种形式，其重叠部分把分散的活动中心集中到自己这方面来，形成新的活动中心。后像的融合是当皮层有两个以上的活动中心时，能量由集中而变为分散的现象。虽然也酝酿着新的活动中心，但一般很难形成足以支配其他部位活动的能量中心。只有在不断重叠时，才能形成新的能量中心。

通过后像的各种现象看，其能量的扩散和集中，并不像是由条件反射所确定的那样，由皮层一点向整个大脑皮层扩散。如果大脑皮层真的发生这种扩散现象，这将对感觉产生极大的不便。当皮肤上某一点发痒时，从来没有或很少发展成全身都痒起来的现象；更不会听到某种声音而发生全身疼痛；闻到一点香味，不可能感觉到处香气扑鼻；看到一点光亮，也绝不可能认为周围都在发光……如果接受时相现象的继时诱导观点，以上的问题就可迎刃而解。而且当我们一旦接受这个观点，就会接受不仅后像有时相现象，各分析器在大脑的终末都有时相现象。因为神经过程自原出发点向整个大脑皮层"扩散"，当这种扩散越过本分析器终末的界线，而到达其他分析器的终末时，时相现象照样会出现，这样才能使神经过程向前传播。这便间接证明，不只视皮层有时相现象，而且所有的皮层都有时相现象。

第二节 后像与睡眠时相

在后像中的抽象—概括与分析—综合中提到，观察一个复杂图片时，其中强弱不等的刺激物在显现其痕迹的过程中，有一定的时间关系。最初只是强刺激物显现自己的痕迹，之后是中等强度的刺激物显现自己的痕迹，最后才轮到弱刺激物。就显现的方式看，强刺激物的痕迹出现后，刚开始时下降，以后又上升（第二次正时相），往返的次数最多。中等强度的刺激物，其痕迹缓缓上升，上升到最大程度后才下降，往返次数较少。弱刺激物的痕迹上升最慢，消失最早，几乎不出现往返。这便是视皮层不同强度的兴奋灶，在抑制过程逐渐加深时所出现的现象。

很有趣的是，以上的现象和睡眠时相很相似。人类或动物由醒觉向睡眠移行时，总会出现时相现象。如果从以上的现象去设想时相现象，将得到时相现象的必然结果。既然强刺激物的痕迹效果急速出现又急速下降，继续往返；而中等强度刺激物，其痕迹效果上升较慢，下降也较慢，往返次数也少；而弱强度刺激物的痕迹效果上升最慢，下降最慢。那么，对于接受这三种刺激物的皮层细胞来说，当出现上述状态的不同时刻，将呈现为不同的机能状态，这种不同的机能状态，将会对同一刺激产生不同的反应。换句话说，痕迹效果的上升代表着机能状态的上升，反之，痕迹效果的下降代表着机能状态的下降。在不超过限度的情况下，机能状态上升的皮层细胞对刺激起上升的反应，与之相对应的是，机能状态下降的皮层细胞对刺激起下降的反应。当接受强刺激物的皮层细胞机能状态开始下降时，对刺激的反应是下降的。这时，接受中等强度的皮层细胞机能状态是上升的，其对刺激的反应也是上升的。而接受弱刺激物的皮层细胞，由于其机能状态上升得极度缓慢，这时基本上还是处于抑制状态，其对于刺激的反应当然还是弱的。这便是纷乱时相的皮层状态。当时间继续发展下去，接受强刺激的皮层细胞和接受中等强度刺激的皮层细胞，其机能状态都处于下降的阶段，特别是当经历了一段活动之后（相当于第二次朦胧阶段未出现之前），而接受弱刺激的皮层细胞，其机能状态却是上升的。这时，三者对刺激物出现相等的反应。这就是均等相的皮层状态。随后，接受弱刺激的皮层细胞机能状态上升接近顶点时（相当于第二次朦胧期开始出现时），而接受强刺激与中等强度刺激的皮层细胞，其机能状态则下降到接近最低点，这时接受弱刺激的皮层细胞机能状态则上升到接近最高点。所以强刺激与中等强度刺激引起弱反应，而弱刺激反而引起强反应，这就是反常相。如果在某种情况下，神经过程按上述方向继续发展下去，那么兴奋区在接受刺激时变为抑制区，抑制区在接受刺激时变为兴奋区，这就是超反常相。后像中的时相转换，其实质就是所谓超反常相。在正时相的末期让光线穿过眼睑，则正时相变为负时相（时相转换），原来的兴奋区变为抑制区，而抑制区反而变为兴奋区。

在"单一后像的发展过程"一节中提到，遮断光源，后像最清晰的部分是中等强度刺激物的部分，其后像维持的时间也较长，以后逐渐不清晰。弱刺激物部分其后像始终不够清晰，达到比较清晰的时间也慢，以后渐渐消失。强刺激物部分其后像虽然不甚清晰，但痕迹强烈，而且出现第二次、第三次，甚至第四次、第五次清晰阶段。这表明强度不同的刺激物在皮层中留下的痕迹效果不同。而时相现象正是这种痕迹效果造成的。

强度不同的刺激物为什么会产生不同的痕迹效果呢？实质上，痕迹效果或者说就是皮层细胞内抑制的发展过程，它本身就是带时相性的。在后像中经常出现的是时相交替，这种交替现象正是内抑制的发展造成的。而内抑制起源于波状扩散，波状扩散是同时诱导的积累过程。与波状扩散同时进行的是兴奋灶以外的抑制区中同时诱导的积累过程。当两种积累过程达到一定强度时，兴奋灶和它周围的兴奋与抑制对比消失出现朦胧期阶段，这是正时相的"灭亡"过程。但这种神经过程的发展好像是有惰性的，发展过程并不就此而终止，结果出现负时相，如此往返不已，直至能量消耗殆尽为止。这是单独一个兴奋灶所出现的时相现象。而睡眠时相发源于很多兴奋灶的强烈活动后，在时相现象的对比中所出现的时相现象。

研究发现，弱刺激物使蛙的感觉神经"自发性"放电的电位变小，而频率增高。强刺激则使其频率变小，而停止刺激后又重新出现强的电发放。也有研究者发现，用强刺激时，反应很快达到极限，又很快下降，到一定水平之后又再度升高，但终究要下降到很低的水平，并恒定地保持在低水平上。看来强刺激所产生的痕迹效果具有高度的反复性，它和后像中的时相现象一样。这同样可以用光点理论加以说明。由于强刺激物引起皮层兴奋着的细胞之百分比突然增加，"后备力量"消耗极快，难以长久地继续维持下去。但它所积聚的能量较高，只有多次反复，才能把能量消耗完。

由于睡眠时相是大脑皮层多个兴奋灶的时相现象，它就有可能像交变后像与视知觉那样，出现时相周期的最终统一。同时各兴奋灶与抑制区彼此交错，就可能出现空间性同化作用。而均等相的产生也应该和兴奋灶间的同化作用有关。但在这方面后像的有关资料极少，有待于以后的研究证实。

通过以上的讨论可以看出，时相现象是大脑皮层普遍存在的状态，也就是大脑皮层始终处在某一特定的时相状态下。我们所说的机能状态，其实质就是大脑皮层处于某种特定的时相状态中。当它处于正时相中期，便是处于最高的机能状态中；当它处于负时相后半期，便是处于最低的机能状态中。换言之，由时相的变化改变了机能状态，而不是机能状态造成了时相变化。

大脑皮层的时相状态是由基层活动的时相现象造成的，如后像的时相状态造成视皮层的时相状态。因视皮层的活动是在它基层的时相状态下进行的，后像便是其最低层次，故而视皮层的高层活动也有时相现象。大脑皮层的其他分析器也有类似现象。

 ## 第三节　从后像的规律分析条件反射的机理

在后像的正时相时，后像是亮的，四周是暗的；负时相时，后像是暗的，四周是亮的。曾把这种现象归结为同时诱导。在后像的发展过程中，出现正负时相的往返交替的现象归结为继时诱导。这两种现象和用条件反射的方法所得到的事实并无矛盾。

有研究者发现皮层最大紧张性发生在兴奋与抑制的交界处。这和后像中的诱导线一致。后像的清晰程度和存留时间符合刺激的强度规律。在后像中，正负诱导线是同时存在的，同时或几乎同时生成、同时消失。诱导和诱导线有着不同的概念，但在后像中是有诱导线才发生明显的诱导现象，或者反过来，有诱导作用的存在才产生诱导线。在这个意义上，后像中所看到的是，正诱导和负诱导是对偶性的，即两种诱导同时出现，互相加强，同时减弱，同时消失。在条件反射的研究中，未见过类似的可作对比的资料。

用条件反射的方法研究负诱导时，如果阳性和阴性刺激相间使用，则负诱导现象特别显著，依理可以看成对偶性的双重诱导的结果。

在唾液分泌的条件反射现象中，所看到的是唾液分泌的量；在运动性条件反射的现象中，所看到的是运动的大小、性质和方向。不管哪一种反射，当效应达到零时，以后抑制程度的深浅，只能从间接的试验中加以推断。虽然也有一些改进的关于其他方面的条件反射试验，但毕竟这类试验还是在不同的时间去进行同一目的的试验，在这种情况下，由于时间的推移，同一区域的皮层在机能状态方面会发生或多或少的变化，这正和在后像中所看到的时相变化一样，大脑皮层是永远不会停留在同一水平的机能状态下的。因此，对于试验的结果将不可避免地发生或多或少的影响。这是用条件反射的方法来研究皮层动力学方面所遇到的很难克服的障碍。在这种情况下，有可能把本来是对偶性的诱导现象，只单纯地看作是负诱导现象。

对偶性双重诱导现象的含义是先出现的阴性刺激加强了后出现的阳性刺激的效果（正诱导），而由于这个阳性刺激的出现，又会加强下次出现的阴性刺激的效果（负诱导），如果次序反过来也是一样。对于后像来说，后像区的兴奋加强了四周的抑制，而四周的抑制反过来又限制和加强后像区的兴奋（当然这里有一定的时间限制）。当阳性刺激落入皮层的阳性点时，如果它有足够的强度，应该在一定时间内产生类似后像的正时相状态，使这个皮层层点产生兴奋过程，而它的四周产生抑制过程。那么随后出现的阴性刺激必将落入这个广大的抑制区，即落入原阳性点的负诱导区，从而使抑制过程加强，这就是负诱导。而这种加强的抑制过程反过来又加强原阳性点的兴奋过程。那么当下一刺激又是阳性刺激的时候，这个刺激将落入已经加强的阳性点上，从而阳性效果又得到加强（正诱导）。这种相互加强的现象，在程度上不是无限制的，在时间上也应该有一定的限度。

不完全的分化不出现正诱导，可以看作在这种情况下无明显的诱导线。正诱导往往发生在靠近抑制点的部位，可以看作是在正诱导线的附近。抑制点可以想象为具有负时相状态的皮层点，在这个时相上靠近正诱导线的地方，兴奋过程最强烈，从而使落入这一带的刺激产生最强烈的阳性效果。

按照有些研究者的意见①，消退条件反射时可分为四个时相：阳性反应时相、零反应时相、阴性反应时相和第二次零反应时相。这些时相是由于未得到强化而引起的内抑制的发展造成的。后像生成之后，遮断光源停止光刺激，在后像区也发展着内抑制，其结果是时相交替。因而就皮层状态来讲，

---

① 巴甫洛夫高级神经活动杂志译丛编辑委员会，1958. 巴甫洛夫高级神经活动杂志译丛：第四专辑 [M]. 北京：人民卫生出版社。

在消退过程的阳性时相，相当于后像的正时相阶段。其零反应时相则相当于后像的第一次朦胧期阶段。其阴性反应时相则相当于后像的负时相阶段。其第二次零反应时相，则相当于后像的第二次朦胧期阶段。

研究者把内抑制看作诱导过程。阳性反应通过零反应变为阴性反应，看作继时诱导。这和后像中把正时相通过朦胧期变为负时相的过程，看作继时诱导是一样的。但在内抑制的发展上，本人和该研究者的看法是不同的。在后像中所看到的是内抑制起源于波状扩散，每秒 2~4 次，内抑制便是这样逐步加深的。

通过以上的各种对照，用条件反射的方法所确定的许多现象或规律与用后像方法所确定的东西基本上是相符合的。但它们所代表的是同一个高级神经活动的规律，那么条件反射的机理应该完全可以用后像的规律去加以剖析。

通常把非条件反射看成非常机械的装置，它是先天的，有固定的反射弧。当条件反射被发现后，便援引非条件反射的概念，把它认作是另一种机械装置，它建筑在非条件反射的基础上。于是古老的反射概念便在暗中指挥，既是反射就必然有反射弧的存在。这样"接通"的概念便很自然地产生出来。于是很多人绞尽脑汁去找这个"接通"的位置。巴甫洛夫学派主张在大脑皮层（虽然巴甫洛夫本人也不反对还有其他的可能），还有一些学者主张在间脑。

当无关刺激物和非条件刺激物同时出现时，经过若干次练习，无关刺激物便取得了信号意义，条件反射出现了。这种现象被看作是在没有非条件刺激的情况下，在大脑皮层或其他地方被"接通"了。为什么经过若干次练习才被"接通"呢？容易化的概念，能不能确切地解释这种现象呢？大脑皮层真的就是一个条件反射的"接通站"吗？大脑皮层的神经元错综复杂，到处都是四通八达的，怎么个"接通"法呢？于是"突触"便被认作是"接通"的阀门。那么为了要打开一条通路，必然要开启少数的阀门。与此同时，还必须要关闭无数个其余的阀门，而这样庞杂的工作仅仅试图通过几次甚至一次练习就能做好，实在很难想象。"接通"之后，通过外抑制和内抑制的作用，又可以把这些阀门自动"关好"。但以后却又自动地打开这些已经关好的阀门。这些问题都令人非常费解。

从条件反射的"接通"理论看，似乎完成像条件反射这一类的活动，只有部分皮层点参与，而其他绝大部分皮层，在这个活动中被搁置起来。这样一来，不管怎么样强调各种各样的联系，只要有"接通"这个概念，就必然暗示皮层的庞大结构在很大程度上是孤立的，因而整个大脑无形中就成了一个臃肿的、司有专职的、各皮层细胞结构区的机械结合物了。巴甫洛夫是极力反对这种观点的。大脑两半球是在动物的系统发育和个体发育的漫长时期中，在精密的适应基础上确定下来的，它绝不容许臃肿的机构存在。大脑皮层作为一个最高指挥部，绝不容许各区自行其是。

阿依拉别奇阳茨在《内部分析器的生理学》[①] 一文中指出："任何条件反射中，均有整个机体参与……在任何外感受性条件反射中，除外界刺激外，内部环境的刺激也参与到这里面，作为它的一个组成部分。"这应该是千真万确的。但这样一来就更不好想象这个"接通"了。他又说："内部刺激在特殊情况下，可能在皮层不形成接通，它们仅限于对其他外感受性或内感受性条件反射发生暂时的或持续的影响。"例如扩张胃黏膜或用氯化钾和乙酰胆碱溶液冲洗胃黏膜，影响了外感受性条件反射，并由于刺激的强度不同而引起后者的抑制或增强。试验中，胃的膨胀对于内感受性条件反射比外感受性条件反射发生更大的影响。在其他试验中，确定了刺激膀胱时食物条件反射的改变。这里阿依拉别奇阳茨通过不同试验，已经初步认识到"接通"理论在上述一些例子中已不适用，虽然他还没有怀疑整个"接通"理论。

阿诺兴在《论条件反应植物性成分的生理本质》[②] 一文中说："条件反应往往是机体的整个活动，而这种活动的效应性表现中包括各种各样极不相同的成分"。"条件反射在某种程度上包括机体的一切植物性过程"。这样就必然要求大脑皮层很多部分参与条件反射活动，而不是个别部分"接通"。

现在按照后像的规律和它的直观形象去分析条件反射。当无关刺激和非条件刺激相结合的条件下，由于两种刺激的同时出现，其所引起的皮层活动不能简化为两个兴奋灶的活动，而是一个波澜壮阔的无数皮层点的活动，这些皮层点"动员"着机体的各部分器官（包括暂时性停止或减弱某些器官的活动），用来共同参与一个对机体有一定意义的活动。正像阿依拉别奇阳茨所指出的"任何条件反射均有整个机体参与"。

① 巴甫洛夫高级神经活动杂志译丛编辑委员会，1956. 巴甫洛夫高级神经活动杂志译丛：第三专辑 [M]. 北京：人民卫生出版社。

② 巴甫洛夫高级神经活动杂志译丛编辑委员会，1956. 巴甫洛夫高级神经活动杂志译丛：第五专辑 [M]. 北京：人民卫生出版社。

按经典的条件反射试验所做的，先是无关刺激物引起一定皮层点的活动，即形成一个兴奋灶。这里不妨看成是一个"后像"，当这个"后像"形成之后或即将形成的时候，将产生探究活动。于是皮层运动区又随之产生了一些其他的后像。运动的发生又会使活动的肌肉、肌腱、关节和皮肤等产生内导信号，于是在皮肌感觉区形成另一些"后像群"，加上在探究反射中所特有的植物性成分，那么在大脑皮层中出现的将是一个"后像群系统"（简称"皮层探究结构"）。随后又由非条件刺激物（现在假定为食物）在味觉中枢形成一个兴奋灶，可以看成另一个后像，加上咀嚼活动、分泌活动（包括整个消化系统的腺体分泌）、吞咽活动、胃肠蠕动及它们的反馈信号，将形成另一个新的后像群系统（简称"皮层非条件结构"。"皮层探究结构"就其性质来说，也是一种非条件性的结构，但为了把这两种结构区别开，还是采用这种名称）。这两个后像群系统在空间上是彼此犬牙交错的，它们的形成有先有后，而每个系统中兴奋灶的出现也是有先有后的，各兴奋灶的面积有大有小，其持续兴奋的时间及其时相周期有长有短，每个系统中有些兴奋灶消失，有些又加入一些新的兴奋灶。这个宏伟图景，若用后像的形象去考虑，真是琳琅满目。但经典的条件反射"接通"理论，却只在这两个皮层结构系统中各选一个皮层点去进行"接通"。其他皮层点要么是各行其是，要么是一种摆设。

由于无关刺激与非条件刺激的初次结合，在皮层中形成了两个结构系统，它们彼此加强，这是皮层的特点。在条件反射的试验中，经常出现的现象是任何皮层点的孤立活动，都将很快地走向抑制。在后像中所见到的是，在相同的条件下，一个后像的存留时间远远小于同样大小相同强度的许多后像的存留时间，而且后者更清晰、更明亮。这说明各皮层点的活动有彼此加强的作用。在这个基础上，由信号刺激物引起的探究反射得到加强。当两种刺激继续结合时，在彼此加强的基础上，将出现两种结构系统按两种刺激相结合时的顺序而出现定型化结构，于是产生了所谓条件定向反射。两种刺激再结合下去，这个定型化结构将继续巩固。最后只要信号刺激一出现，就会产生皮层探究结构，并由这种结构诱导出全套非条件结构，于是条件反射就必然会出现。

现在的问题是，以上的推测有无根据，能不能在两种结构经常同时出现的条件下，由一个系统诱导出另一个系统来，即能不能由探究系统结构的产生而诱导出非条件系统结构来？从后像的定型化现象来看，是能够产生这种结果的。定型化的生理基础是同时诱导，这种诱导力量在一定条件下是非常强大的。对于一定结构的后像群形成定型之后，缺失若干图片的后像群可以把缺失的后像诱导出来。如果定型很巩固甚至在没有出现与定型有关的刺激物的场合下，也会出现定型结构。在"后像的定型化"一节中所提到的小麦的后像、葡萄的后像都是在这种场合下产生的。已经完全消失的后像，可以由它的对称位置或它的附近出现新的后像而被诱导出来。在阳性点和阴性点相间的情况下，这种诱导力量就特别强大。甚至用强化阴性刺激物的方法，去破坏阳性条件反射都不能成功。在后像中诱导化的出现大多是在空间位置相间的情况下产生的。在同化作用的意义中提到某些点自动取得信号意义和所谓的"自动接通"现象都是基于强大的诱导力量而造成的。那么，既然皮层探究结构和皮层非条件结构是犬牙交错的，那将有利于在皮层探究结构产生的时候，把那些和它经常同时存在的皮层非条件结构诱导出来。在诱导后像中，人们所看到的是同一情景，已经消失的后像可以在原消失后像的对称位置上或在原后像的附近由新的后像诱导产生。

有研究者在《高等脊椎动物行为生理学机制》① 一文中提出："一定外部世界的统一而完整的形象，可以在外部世界某一因素的影响下再现出来"。这里所指的外部世界，应该把它归结为皮层外部世界的刺激物群体转变到皮层活动的相应结构，成为完整而统一的皮层结构，在一定条件下，可以由这个结构中的某些因素而诱导出来，这才是它的实质。大脑皮层不正是通过这种结构和它的移行来反映客观世界的吗？该文又提出，"每当动物进入熟悉的环境时，由于该环境某种因素的影响，会立即在脑内再现与该环境初次作用时所发生的基本上相同的神经过程"，这不正是皮层的局部结构可以在一定条件下，由具有一定意义的整体结构诱导出来的吗？这不就是所谓知觉的整体性吗？或用信息论的术语说就是只要接收一个单元集合体中的若干单元，就可以输入整个单元集合体。

在后像的发展过程中，最初出现各后像的加强，以后又出现各后像在时相周期上，在性质方面的同化作用。对于条件反射来讲，也应该出现类似的情况。也就是诱导作用的效果不仅表现为皮层探究结构把皮层非条件结构诱导出来，同时两种结构在活动过程中仍然继续以诱导的方式互相影响着。在

---

① 巴甫洛夫高级神经活动杂志译丛编辑委员会，1958. 巴甫洛夫高级神经活动杂志译丛：第一专辑 [M]. 北京：人民卫生出版社。

后像中，同化作用的进行是以强兴奋灶（或者是面积大的兴奋区或者是占优势地位的皮层区）为主导的。在条件反射中，应该以非条件结构为主导。不仅因为这个结构以及它的移行具有极重要的生物学意义，这是在系统发育中所确定下来的；同时也由于皮层非条件结构要经历一系列的后继活动而发生相应的结构的移行。这样，同化作用的进行就不可避免地以非条件结构为主导。就其皮层活动的意义来讲，是皮层探究结构加入皮层非条件结构中，作为完成非条件反射的过程中皮层活动的一个组成部分。当无关刺激取得信号意义之后，与上述活动不相干的部分被抑制，于是定向反射消退了。

从信号刺激与非条件刺激结合时起，直到条件反射形成，整个皮层活动的过程，就是两个结构系统的矛盾统一过程。单就信号刺激物与机体活动的关系来讲，是一个由于外界条件的变化而把一个原本无关的刺激物纳入其中，并重新规划与构建整个系统的过程。也就是把无关刺激由原来的皮层探究结构中分出来，归属到皮层非条件结构中。由于皮层非条件结构对于接收信号刺激的皮层点的强大诱导力量，使接收信号刺激的皮层点统一于皮层非条件结构。在条件反射中，这个活动中心就是皮层非条件结构中的食物中枢（这个中枢代表着非条件结构中无数兴奋灶的重心）。在后像群的演变中也有这种活动中心。

在条件反射的形成过程中，最初反射活动只出现在非条件刺激物之后，但随着两种刺激的反复结合，反射活动开始的时间逐渐向前移动。当开始的时间移动到非条件刺激物出现之前时，就意味着条件反射形成了。原来只由非条件刺激诱发的皮层非条件结构，这时可以由信号刺激物所诱发。这种定型化的皮层结构一经出现，它将按反复结合时的顺序，重演过去的皮层活动。这就是皮层结构定型化的全部意义，它不仅指某一时刻，各皮层点的兴奋与抑制的交错状态，同时也指这种交错状态按时间顺序不断地移行再移行，不断地变为另一些类型的交错状态。可以想象为在这些镶嵌结构中，包括有明显诱导线的像后像一样的兴奋灶，也包括像星云一样的无诱导线的兴奋灶，同时也有各兴奋灶的融合和分离，诸如此类的结构，都在一定时间内通过同化作用加入定型结构中，而这种结构永远是在变化着的，但有一定的规律。后像的发展变化就是视痕迹的发展变化，也就是兴奋灶导致的所谓后作用的种种变化。但这里完全没有忽视现实性刺激的作用，任何现实刺激都会在这种刺激结束后变为痕迹性的，甚至在这种刺激痕迹还没有结束之前，皮层活动已经开始向这个方向移行了。

如果单从反射出现的时间去考虑，它是在逐渐向前移动的。如果从皮层定型化结构去考虑，只有这种结构出现，反射活动才会开始，而不管非条件刺激物是否出现（这里并不否认皮层下中枢的作用）。因而，最本质的问题不是反射活动开始出现的时间在向前移动，而是有关反射活动的皮层镶嵌结构，即皮层非条件结构，在以皮层探究结构的出现为标准的情况下，按反复结合时的顺序在逐渐提前。这种移动代表着定型化的逐渐成熟，代表着信号刺激物由一个系统转而归属到另一个系统的成熟。在这个成熟过程中，以前一个系统的效应器官活动（即定向和反射活动）被抑制而告终。这种时间的移行，从后像发展的观点看，就是同化作用，就是通过非条件结构强大的诱导作用，把原来并不属于自己的信号刺激，归属到自己方面来，这是皮层在新条件下反映客观现实的一种方式。

各种刺激（包括内感受性的）都先天地归属于某一皮层结构系统，这是机体在演化过程中所确定下来的。但这种归属并不是死的，而是随着条件的变化而有所改变。虽然这种改变未必是十分重大的，大脑皮层对于这种改变起着决定性作用。这是把古老的适应系统变为新的适应系统的一种方法。而所谓无关刺激物，只是指先天归属于另外一个系统的刺激物。在脑电图的表现上，一种信号多次重复时，既不引起广泛的同步，也不引起局部的同步时，称为无关信号。实质上它就是某一系统正在消退中的信号，当这种信号的生理和物理强度增大时，就不能成为无关的信号。正因为它是系统发育中巩固下来的，当刺激强度增大时，它就不再成为消退中的信号了。

在条件反射形成后，原来的非条件反射也会在性质上发生某些改变，单纯的"接通"是不能导致这种改变的。这也应该看成是同化作用，同化作用使条件刺激和非条件刺激的效果都发生程度不同的改变，致使每方都在不同程度地失去自己原来的面貌。一种刺激物，当它由一个系统归属到另一个系统时，并非机械的归属，永远伴随着不同程度的性质改变。大脑在适应外界条件变化的同时，也在改变着自己。虽然这个过程是非常缓慢的。

从以上观点去推理，条件反射的抑制并非反射通路上的某一点发生了抑制（包括外抑制和内抑制），而是在特定时间内，皮层的特定镶嵌结构及其移行的局部或全部被破坏所致。当这种结构破坏不严重时，反射量降低，即由于结构的局部破坏，使皮层失去了对一定活动的最大指挥效力。当这个结构破坏严重时，反射消失，即皮层完全失去了对这种活动的指挥作用。可见皮层是通过一定的镶嵌结构来指挥机体各种活动的。

对于整个皮层来讲，在一个特定时间内只有一种结构。因而从条件反射的抑制来说，对于这个特定时间内的特定结构起破坏作用的，都是在这个结构的内部。也就是大脑皮层任何部位神经过程的改变，对于这个结构都有不同程度的破坏作用。所谓内抑制可能是发生在这个结构的兴奋灶内，而外抑制可能只发生在这个结构的外部。

从以上观点来看，对于机体各种活动起决定作用的大脑皮层（当然离不开皮层下的低级中枢），不只是它的某些兴奋灶，而是整个大脑皮层的镶嵌结构以及这个结构的移行，而这种结构很自然地包括它的广大抑制区。这里抑制区的作用是对兴奋灶产生诱导作用，限制兴奋的扩散，加强它的兴奋过程，以突出当时所进行的主要活动，同时抑制或减弱一些在当时对于某种特定活动所不必要的信息。这样对于一个新环境的适应，就不能只是"接通"一个条件反射弧所能做到的了。

条件反射初期的泛化现象说明接收信号刺激的皮层区已大面积地加入条件反射的皮层非条件结构中。从后像的结构看，它是由于泛化圈内加入了镶嵌结构所带来的必然结果。分化练习才使这个活动面变小。这不仅是粗糙或精细地分析问题，甚至可以设想，如果不是这样大面积地参与，它的力量将难以诱导出全套皮层非条件结构来。因而，很可能是最初形成条件反射所必需的。

萨提托夫对白鼠预先喂饲时，发现条件反射的最大量相当于定型中第二个刺激物向前移到定型中的第一个刺激物[①]。预先饲喂就是先进行非条件刺激，由于这种刺激诱导出第一个定型开始时的全套皮层结构，这样第一个刺激就被预先喂饲所代替，使条件反射的最大量提前出现。与此同时，潜伏期缩短。在生物学的意义上，潜伏期是条件反射的准备过程，反映在皮层结构上就是最有利于当时反射活动的皮层结构提前出现。

总之，条件反射的形成在于信号刺激通过定型化把皮层非条件结构诱导出来，而不是某些特定的皮层区指挥某些特定的活动。大脑皮层不是各指挥站的相加，其效能是通过全部皮层的镶嵌结构来实现的。在某种特定条件下，某种特定的镶嵌结构对于这种特定条件下的特定活动有最大的指挥效力。

---

① 巴甫洛夫高级神经活动杂志译丛编辑委员会，1958. 巴甫洛夫高级神经活动杂志译丛：第五专辑［M］. 北京：人民卫生出版社。

　　高等动物是通过在一定时间、一定情况下的特定皮层镶嵌结构，以及这种结构向着其他特定结构不断地移行，来反映现实并掌握现实的，所谓的局部活动情况极少，甚至是没有的。每个器官都不是、也不能进行单独的活动。而大脑在指挥与调节各个器官的活动时，将尽量动员更多的器官来参与某一时刻的、某种特定的活动，并抑制一些在这个时刻不必要的其他活动。这样只有特定的镶嵌结构及其移行才能完成这个任务。而条件反射的出现，就是为了适应新的条件而进行的皮层结构适当改组。关于内脏，条件反射的研究不仅说明各内脏的活动都有大脑皮层的参与，而且也说明并不需要什么"接通"。

　　所谓整合过程就是皮层镶嵌结构的改变过程。阿诺兴认为大脑皮层调节各种机能的说法未必是正确的，他认为皮层借助完善的、调整好的机能来适应整个机体在外界刺激的适应活动时所提出的要求。概括地说，它只能对完善和正确工作着的低级自身调节装置提出要求，而这些要求可能是随整个外界刺激和当时所发生的整个反应的特性而异①。但他没有说明大脑皮层通过什么来提出并实现自己"要求"的。而这种"要求"又和"调节"有什么不同的含义。特别是这种论点和条件反射的皮层结构有什么联系。应该说，任何强调大脑皮层对机体活动的指导作用的说法，都不否认低级中枢在机体活动中的意义。

　　所谓分心、所谓干涉应看成由于内外动因的影响，使当时最有利于某种生理或心理活动的皮层镶嵌结构产生了某种程度的破坏现象，这和内外抑制从某种意义上是同一个东西。

　　想象、回忆、思维等活动都应该看成是皮层镶嵌结构不断移行的现象。这里丝毫没有把问题简单化。因为皮层镶嵌结构的移行本身就是一个非常复杂的现象。从常理推断，在进行上述复杂的心理活动时，不可能发生大脑皮层的全面兴奋，也不可能发生皮层的全面抑制，那么除去是镶嵌结构的产生和移行外，就再没有其他的可能性了。如果还有其他的可能性，就只有那些复杂的心理活动并不在大脑进行。但就目前所知道的脑机能来说是不会为人们所接受的。

---

　　①　巴甫洛夫高级神经活动杂志译丛编辑委员会，1956. 巴甫洛夫高级神经活动杂志译丛：第五专辑［M］. 北京：人民卫生出版社。

第四节　后像与皮层细胞结构区

　　巴甫洛夫认为每个分析器（的终末）都是由核心部分和散在部分组成的，而散在部分可能与核心部分相距很远，核心部分是末梢感受的一切成分在大脑皮层内精细与精确的投影。

　　如果人类的皮层细胞结构区也是这样的，那么后像的形成及其变化的规律就不单纯依赖于视皮层了。一方面在枕叶形成一个基本的和精确的痕迹，另一方面也在其散在的部分形成一个不精确甚至模糊的痕迹。这样就其形象讲，将是一个大的、模糊的、不规则的抑制区套着小的、清晰的、有精确形状的兴奋区。感觉的模糊与精确应该是在这双重影响下形成的。

　　在脊椎动物的进化过程中，大脑逐渐发达起来，并形成许多特殊区域，这些特殊区域有着不同的细胞结构，管理着身体不同部位的活动。到了人类，这种分化就更细微复杂了，刺激这些不同的区域就会发生不同的反应。不同的区域受破坏时，发生各种的生理和心理损害，就好像真的是这些不同的皮层区域单独地、独立地管辖着不同的生理活动似的。通过条件反射研究的大量材料，巴甫洛夫否定了这种机械论的概念。

　　皮层的核心部分与散在部分的存在是进化过程中的遗迹还是必然现象呢？后一种观点更可取。如果这种观点是正确的，那么它就必然有极深刻的意义，绝不仅限于机能的代偿。大脑作为机体全面的、统一的、对于内外环境的平衡起着决定意义的调整和指导"机关"，不可能只根据局部条件来决定机体的活动。在外界环境中经常发生着对机体有某种意义，甚至重要意义的信号。如果每个皮层细胞结构区只根据现实刺激进行单独的反应，在某种情况下势必引起机体活动的混乱。

　　按条件反射的理论，当新的环境条件出现时，机体在活动的过程中，将对新条件产生条件反射或条件联系。这里好像为了适应新条件，只需要若干次练习，只要两个皮层点发生"接通"，事情就办完了。好像只有几个皮层区参与了这个新的适应过程，而其他一切都是由先天的非条件反射所安排好的。在这种情况下，作为神经系统最高部分的大脑，难道仅用"接通"的办法来"统筹安排"吗？当新条件在机体活动中作为活动信号连续出现若干次，就形成"接通"，而当它消失若干次，这种"接通"又断了线（消退）。那么，在个体发育的全部过程中，不知要经过多少次这样的反复，它将怎样在系统发育中，把像大脑这样一个庞大的机构巩固地流传下去呢？

可以设想，从大脑刚一出现的时候起，它就是一个神经系统中最高级的机构，即使它和其他脑组织比较起来，在功能上还处于相当幼稚的阶段，在体积和重量上还不占很大的比重。但机体为了适应更复杂的环境条件，大脑本身在结构和功能上需要进一步向前发展，即需要进行结构和功能上的分化。在分化的过程中，每个区域都残留着其他区域的结构或机能，而残留的部分在功能和结构上都是比较原始的，这样便形成了皮层的核心和散在部分（核心部分为分化的部分，散在部分为分化后残留的部分）。但这些散在部分都有它在结构上或机能上的意义，否则将随着进化的进程而退化。因此，它得以在这个庞大的结构中继续存在，并继续发挥着它的作用。

在皮层中，每个分析器核心部分的散在部分到底起什么作用呢？条件反射的研究初步肯定它的机能代偿作用，但也可能还有更重要的意义。可惜后像的资料还不足以说明这个问题，但也不妨根据某些现象进行初步的探测。

后像周围的广大抑制区只包括视皮层吗？根据动物试验，当视皮层被毁坏时，对光刺激虽然不能进行精确分析，但还能对光刺激形成条件反射。对于人而言，17区受伤后，还保存着明暗感觉。这样看来，后像形成后，其周围的广大抑制区必然要包括17区之外的其他区域。那么，仅对后像来说，同时诱导所及的部位，必然也包括17区以外的其他皮层区。这和条件反射大量资料中同时性诱导所涉及的广大区域便无矛盾了。

边缘视觉和中央视觉有拮抗作用，可以理解为枕极和视皮层外围以及其他视觉散在的皮层有拮抗作用。后像外围广大的黑暗区便包括这些区域。视野边缘不能形成很明确的后像，而枕极则能形成极清晰的后像。如果把这一概念扩大，也许每个分析器的核心部分都是如此的。一个典型的像有后像这种结构的兴奋灶，但只能出现在核心部分。而除去本分析器外的广大散在部分则起着加强这个典型兴奋灶的作用。同时性诱导应该与这些散在的部分有着极密切的关系。有了这种拮抗关系，才能更好地突出优势现象，才能在某一时刻集中地反映某一个或若干个在当时起到极其重要作用的内外信号。后像中的诱化圈有可能是视皮层之外的皮层区域，它参与了后像的结构，也就是视皮层之外的区域也有可能参与视皮层兴奋灶的结构。

后　记

　　父亲梁增祝（1919—2004）遗作《后像学研究》终于可以公开出版了，真的使人百感交集……这部书稿从父亲着手开始研究写作到他去世，历时半个世纪。母亲从 2004 年开始保存书稿，到 2022 年出版，也历时 18 年之久。这中间的曲折故事完全可以拍摄一部电视连续剧。家人希望我作为兄弟姐妹中的老大，能够在后记里叙述一下这些富有戏剧性的过程，这是我的责任，这里就我知道的事情给大家做个交代。

　　父亲梁增祝 1919 年 10 月出生在河北保定满城花庄名门大户——梁家大院。他从小聪慧，在祖辈的熏陶下酷爱学习，深受祖父母的偏爱。1945 年毕业于中央大学并考上了留美研究生，由于抗战吃紧，该批留学生未能成行，成为父亲无法继续深造的终身遗憾。1949 年春，西安解放，父亲以无职业知识分子的身份被招入新解放区培养干部的西安干部培训学校，于 1950 年作为支宁干部分配到宁夏工作，先后在平罗师范学校、银川市第一中学、银川市第二中学、银川师范学校任教。1954 年，他读完苏联科学家巴普洛夫所著《大脑神经学》一书后，便一头扎进了后像学的研究中一发而不可收，直到现在老房子里还存着好几箱用于参考的书籍，单巴甫洛夫的书就有很多。

　　1955 年在银川师范学校任教期间，父亲遇到了正在本校读书的母亲李友梅。母亲感觉父亲为人忠厚，精通俄、英、德、法、日等多国语言，性格耿直、学识渊博，是个很有学问的人。在校长的撮合下，母亲怀着对父亲的仰慕和对知识的渴望，于 1957 年元月与父亲结为夫妻。

1961 年，父亲响应"支援外县教育事业"的号召，报名去农村支教。母亲当时在银川实验小学当教师，从 1958 年到 1961 年连续三年被评为银川市先进工作者，正值顺风顺水之时。但为了支持父亲的选择，母亲不顾校长陈兰杰的挽留，随同父亲一起从当时宁夏两所重点学校——银川师范学校和银川实验小学——调到中宁县枣园公社的枣园中学和枣园完小任教。

1964 年春，因中宁县鸣沙中学急需生物专业教师，校长直接向县教育局提名将父亲调往鸣沙中学，从此父母隔黄河相望。1979 年，因关帝中学紧缺主课老师，父母亲夫妻二人先后被调到黄河北岸的关帝中学，直至退休他们一直坚守在农村教育第一线。

父亲自 1956 年开始利用业余时间研究"后像"，除完成教学工作外，全部精力都集中在研究中。在非常时期，父亲置批斗于不顾，利用一切可利用时间，甚至晚上蒙在被窝里，用手电筒照亮偷偷写作。在没有任何设备的条件下搞这样深奥的研究，并自己做一些简单的模型，进行多角度的考证，其困难程度可想而知。

在我的记忆中，父亲在家除看书写作外，就在阳光下或灯光下铺一张大些的或白色或黑色的纸作为背景，在上面放上各种颜色和形状的小纸片，盯着纸片看一会儿，再闭上眼睛待一会儿，如此反复。当时年纪小，不知道父亲在研究什么，但因父亲不多说话，只默默做自己的事情，所以我也没有问过父亲在研究什么。

调往鸣沙中学后不久，父亲的研究就时断时续了。后来父亲被调到鸣沙中学校农场，自由支配的时间比较多，劳动之余就全身心投入研究中。这段时间他不再局限于特制图片的观察研究，而将生活中的一些物品也作为观察对象，使后像的研究不再有局限性，后像的发展规律更具普遍性和说服力。

退休后，父亲依然没有放弃他的研究，甚至还将梦与后像的关系纳入研究之中，直至去世前才完成他的《后像学研究》的所有章节。遗憾的是没来得及整理，只留下潦草而又杂乱的手稿。

父亲去世 10 多年来，我们家搬家数次，母亲一直将父亲的后像学手稿当宝贝一样保存着，虽然不知道它到底有没有用处，周围也没有人能看得懂，但毕竟凝聚了父亲半个世纪的心血——母亲就像看护自己的孩子一样看护着父亲的手稿。

父亲与母亲结婚后的 40 多年中，父亲全身心投入后像的研究之中，很少关心过家里的大事小情，家里所有事情都是母亲一人操持。困难时，父亲一度停发工资，每月只给 20 元生活费，母亲在巨大的政治和经济压力下挺了过来，实属不易。

2018 年初春，原鸣沙中学学生、资深媒体人杨森林先生在微信公众号"杨森林文集"中连续推出了讲述鸣沙中学各科老师的系列文章，其中有《梁增祝与他的后像学》一文，我高中同学看到后发给我。我看后又转发给母亲。母亲看后与杨森林先生取得了联系。

杨森林先生来家里拜访母亲，看到了后像学的手稿。父亲一手行体钢笔字书写在极薄易碎的稿纸上，文字略潦草，插图为钢笔手绘图，加之时间太久有些字迹已经模糊，已经很难辨认。经杨森林先生多方查询，我国到 2018 年还没有一本有关后像学方面的研究书籍，他想将父亲对后像学的研究作为图书推出来看看社会反响。

母亲拿出自己积攒的 3 200 元现金，请人将后像学的原稿输入成电子版。由于父亲的字迹太过潦草，加之原稿删改、添加内容零乱，难免出现许多错误，看起来莫名其妙，不知所云。我由西安回到银川，对照原稿逐字逐句进行修改，有些字我也认不出来，需要由母亲辨认。经过一个月的修改，总算能看明白了。此后我小叔梁增镇又对文字和标点符号等进行了反复修改。一部浸透了父亲一生心血和母亲大半辈子辛苦的《后像学研究》电子版文稿，终于展示在了世人面前。

2019 年开始，杨森林先生在微信公共平台"杨森林文集"中开始连载父亲后像学研究的内容，引起了方方面面极大的关注。

鸣沙中学数以万计的校友们希望此书能够公开出版：一则为我国增添后像学研究方面的内容，二则帮助父母了却一生愿望。鸣沙中学校友们表示通过校友资助方式，促成《后像学研究》的出版。

资助倡议发出后如同爱心的池塘里掀起了涟漪，截至 2021 年 6 月 10 日资助人员有 80 多人，其中有人连续资助了 3 次且不愿留真实姓名。还有校友得知具体缺口时慷慨解囊数千元，不让署名，也不愿声张。原中宁中学、枣园中学、关帝中学（枣园中学后身）的校友们也都积极资助。

正是在杨森林等一大批鸣沙中学校友们的积极倡导、不懈努力和鼎力支持下，父亲的《后像学研究》才得以出版问世，他老人家应该会感到欣慰。

梁晓霞（梁增祝大女儿）

2021 年 6 月 13 日于西安

附录　资助名单

袁汉民（鸣沙中学校友）

张少军（鸣沙中学校友）

王　毅（鸣沙中学校友）

高学祥（鸣沙中学校友）

吴洪相（鸣沙中学校友）

李后魂（鸣沙中学校友）

美国华侨（鸣沙中学校友、不愿留姓名者）

王永常（鸣沙中学校友）

杨森林（鸣沙中学校友）

天津好友（不愿留姓名者）

陆明生（鸣沙中学校友）

李学强（鸣沙中学校友）

高学惠（鸣沙中学校友）

陈生杰（鸣沙中学校友）

吴少先（鸣沙中学校友）

黎敬忠（鸣沙中学校友）

任天慈（鸣沙中学校友）

任月凤（鸣沙中学校友）

巫　涛（中宁中学校友）

吴春艳（鸣沙中学校友）

高玉琴（鸣沙中学校友）

张立欣（中宁中学校友）

刘　锋（鸣沙中学校友）

李文君（鸣沙中学校友）

赵立华（鸣沙中学校友）

毛兴国（鸣沙中学校友）

柳佩荣（鸣沙中学校友）

繁　花（鸣沙中学校友）

黄学勤（鸣沙中学教师）

胡富秀（鸣沙中学校友）

丁建国（鸣沙中学校友）

王延宁（鸣沙中学校友）

蔡润祥（鸣沙中学校友）

张学胜（鸣沙中学校友）

张学顺（鸣沙中学校友）

卜永成（鸣沙中学校友）

张尚志（中宁中学校友）

秦新生（鸣沙中学校友）

王秋燕（鸣沙中学校友）

曹　雄（中宁中学校友）

卜兴林（鸣沙中学校友）

袁洪武（中宁老乡）

张福贵（鸣沙中学校友）

喻　通（鸣沙知青）

王一兵（鸣沙中学校友）

张立明（中宁渠口故乡人）

杨兴伟（鸣沙中学校友）

叶力俭（鸣沙中学校友）

谢永建（鸣沙中学校友）

秦瑞冬（鸣沙中学校友）

张鸣芳（鸣沙中学校友）

秀　荷（鸣沙中学校友）

鲍　霞（鸣沙中学校友）

赵　婕（鸣沙中学校友）

谢　云（鸣沙中学校友，资助两次）

张立怀（鸣沙中学校友）

吴少东（鸣沙中学校友）

杜宁旭（鸣沙中学校友）

王　霖（鸣沙中学校友）

陈学锋（鸣沙中学校友）

秦瑞娟（鸣沙中学校友）

熊向云（鸣沙好友）

吴春芳（鸣沙中学校友）

杞乡人（不愿留姓名者）

曾建华（鸣沙中学校友）

杨月凤（鸣沙中学校友）

李学忠（鸣沙中学校友）

李儒学（鸣沙好友）

倪晓娟（中宁中学校友）

常治栋（鸣沙中学校友）

马玉洁（鸣沙中学原语文老师）

袈裟南台（喜剧小说《七步一笑》作者）

一帆风顺（鸣沙中学校友）

关帝中学校友（不愿留姓名者）

陆建勋（枣园中学校友）

李欲晓（鸣沙中学校友）

王天岐（鸣沙中学校友）

鸣沙中学校友（若干名，不愿留姓名者）